土壤酸化及其防治技术

◎ 刘晓霞 王 剑 赵 绮 季卫英 主编

中国农业科学技术出版社

图书在版编目(CIP)数据

土壤酸化及其防治技术 / 刘晓霞等主编 . --北京：中国农业科学技术出版社，2024.4

ISBN 978-7-5116-6770-0

Ⅰ.①土… Ⅱ.①刘… Ⅲ.①耕地-酸化-土壤污染控制-研究-浙江 Ⅳ.①X530.5

中国国家版本馆 CIP 数据核字(2024)第 074875 号

责任编辑　倪小勋　朱　绯
责任校对　马广洋
责任印制　姜义伟　王思文

出 版 者　中国农业科学技术出版社
　　　　　北京市中关村南大街 12 号　　邮编：100081
电　　话　(010) 62111246 (编辑室)　　(010) 82106624 (发行部)
　　　　　(010) 82109709 (读者服务部)
网　　址　https://castp.caas.cn
经 销 者　各地新华书店
印 刷 者　北京建宏印刷有限公司
开　　本　170 mm×240 mm　1/16
印　　张　8.25
字　　数　140 千字
版　　次　2024 年 4 月第 1 版　2024 年 4 月第 1 次印刷
定　　价　40.00 元

《土壤酸化及其防治技术》
编委会

主　　编：刘晓霞　王　剑　赵　绮　季卫英

副 主 编：陈剑峰　董作珍　周　飞　张佳丽

　　　　　张怀杰　王先挺

编者名单（按姓氏笔画排序）：

　　　　　生艳菲　吕勇杰　吕健飞　朱真令

　　　　　邬奇峰　刘荣杰　刘振宇　李浙灿

　　　　　李梦妮　杨　东　汪　洁　张耿苗

　　　　　张晓萌　张圆圆　陈剑峰　陈振华

　　　　　林海忠　赵钰杰　胡敏骏　顾建强

　　　　　徐　煜　徐有祥　黄其颖　曹雪仙

　　　　　彭妒以　董　磊　詹丽钏　潘建清

　　　　　戴佩彬

目　　录

第 一 章

酸化土壤形成原因
与治理措施

第一节　浙江省土壤酸化现状

浙江省地处中国东南沿海长江三角洲南翼，东临东海，南接福建，西与江西、安徽相连，北与上海、江苏接壤，陆域面积 10.55 万 hm^2。浙江全省陆域面积中，山地占 74.6%，水面占 5.1%，平坦地占 20.3%，故有"七山一水两分田"之称。根据第三次全国国土调查数据，浙江省耕地面积 1 935.70 万亩（1 亩 $\approx$ 667m^2，全书同），耕地质量平均等级为 3.64 等（2022 年耕地质量等级评价报告），其中，高等级（1~3 等）耕地面积为 1 050.65 万亩，占全省耕地总面积的 54.09%；中等级（4~6 等）耕地面积为 651.56 万亩，占 33.55%；低等级（7~10 等）耕地面积为 240.10 万亩，占 12.36%。2022 年浙江省耕地质量等级报告显示，全省 6 971 个耕地土壤调查点位土壤平均 pH 值为 5.67，酸性土壤（pH 值<5.5）面积占耕地面积的 54%，其中，47% 的土壤呈酸性，7% 的土壤呈强酸性，耕地酸化现状不容乐观。

土壤酸化是指进入土壤中的 H^+，与土壤胶体表面吸附的 Ca^{2+}、Mg^{2+}、K^+、Na^+ 等盐基阳离子进行交换，促进交换性盐基离子的淋洗损失；同时吸附在土壤颗粒表面的 H^+ 又进一步溶解矿物晶格里面的 Al^{3+} 加剧了土壤的酸化。浙江省地处亚热带季风气候区，高温多雨，年均温度 15~18℃，省内多年平均降水量 985~2 000 mm，降水量远远超过蒸发量，淋溶作用强烈，土壤溶液中的盐基离子随着渗滤水向下移动，土壤中易溶性成分减少，溶液中 H^+ 取代土壤吸收性复合体的阳离子被土壤吸附，使土壤盐基离子饱和度下降，氢离子饱和度增加，导致土壤酸化。土壤酸化导致土壤养分失衡、铝锰毒害、生物多样性降低，引发作物减产、品质下降、重金属超标等一系列问题，影响土壤生态环境安全和农业可持续发展，遏制土壤酸化进程势在必行。因此，全面摸清浙江省土壤酸化情况，探讨土壤酸化成因，开展酸化耕地预防与治理对策建议，对于提升耕地质量水平、提高粮食综合生产能力具有重要意义。

近年来，以土壤健康行动为依托，在浙江全省布设土壤酸化专项调查点位 3 276 个，基于土壤 pH 值空间差异分析，全面分析浙江省土壤酸化现状。结果可知，杭嘉湖地区绝大部分土壤呈弱酸性，pH 值为 5.5~6.5，极小部分地区土壤 pH 值为 4.5~5.5，主要分布在杭州临安、建德等地。宁波、台州和温州土壤 pH 值由海岸向内陆逐步降低，海岸地区土壤呈碱性，土壤 pH 值大于 7.5；沿海和内陆相交地段土壤呈弱酸性，pH 值为 5.5~6.5；内陆地区土壤 pH 值为 4.5~5.5，呈现酸性。丽水除松阳土壤呈强酸性外，绝大部分区域土壤 pH 值分布在 4.5~5.5。绍兴、金华和衢州三地南部土壤 pH 值为 4.5~5.5，呈酸性；北部土壤 pH 值为 5.5~6.5，呈弱酸性。

第二节　土壤酸化成因及影响因素

酸性土壤是 pH 值<5.5 的土壤的总称，包括红壤、黄壤、砖红壤、赤红壤、灰化土等。酸性土壤地区降水充沛，在多雨的自然条件下，降水量远超蒸发量，土壤及其母质的淋溶作用非常强烈，土壤溶液中的盐基离子随渗滤水向下移动，盐基饱和度较低，使土壤中易溶性成分减少，酸度较高。溶液中 H^+ 取代土壤吸收性复合体上的金属离子被土壤吸附，使土壤盐基饱和度下降、氢饱和度增加，引起土壤酸化。土壤酸化是土壤退化的一种表现形式，也是一种自然现象，是土壤物质循环失衡的表现。酸性土壤在世界范围内广泛分布，在农业生产中占重要地位。在自然条件下，土壤酸化是一个相对缓慢的过程，土壤 pH 值每下降一个单位需要数百年甚至上千年，自 20 世纪 80 年代初以来，我国几乎所有土壤类型的 pH 值都下降了 0.5~1.0 个单位，平均下降了约 0.6 个单位，并且在南方地区更为严重。

一、土壤酸化成因

土壤酸碱性是土壤许多化学性质的综合反映，其动态变化不仅反映土壤肥力状况，还直接影响了土壤养分有效性和微生物活性，同时也是调控土壤中 Pb、Cd、Hg 等重金属形态与迁移的限制因子。自然条件下，土壤的酸碱性主要受土壤盐基状况影响，而土壤的盐基状况决定于淋溶过程和复盐基过程的相对强度。因此，土壤酸碱性实际上是由母质、生物、气候以及人为作用等多种因子控制。我国北方大部分地区的土壤为盐基饱和土壤，并含有一定量的碳酸钙。南方高温多雨地区的大部分土壤是盐基不饱和的，盐基饱和度一般只有 20% ~ 30%。因此，我国土壤的 pH 值由北向南呈逐渐降低的趋势。

耕地土壤 pH 值受结构性因素（自然因素）和随机性因素（人为因素）的共同影响。研究认为，土壤 pH 值时空变异受成土母质和土壤类型等结构性因素及土地利用类型等随机性因素的影响；而也有研究认为，影响土壤 pH 值空间分布的主要因子有成土母质、土壤类型、有机质含量；影响土壤 pH 值时间分布的主要因子有酸雨、施肥及土地利用类型。在自然条件下，土壤本身的酸化过程十分缓慢，往往需要几万年土壤 pH 值才能下降一个单位。而受到人类生产活动的影响，土壤 pH 值呈现较快变化，其中酸雨和施肥是土壤酸化的主要驱动因子。导致土壤酸化的主要原因如下。

一是土壤母质因素。成土母质是形成土壤的物质基础，在土壤形成和发育中发挥重要作用，也是影响土壤理化性状的主要因素之一。我国黄河以北地区多数土壤都是碱性、中性或微酸性土壤，长江流域至长江以南地区土壤多数是酸性土壤。南方土壤呈酸性反应的主要原因是土壤中铝的活化，氢离子进入土壤吸收复合体后，随着阳离子交换作用的进行，土壤盐基饱和度逐渐下降，氢饱和度逐渐提高。当土壤有机矿质复合体或铝硅盐黏粒矿物表面吸附的氢离子超过一定限度时，这些胶粒的晶体结构就会遭到破坏，有些铝八面体被解体，使铝离子脱离了八面体晶格的束缚，变成活性 Al^{3+}，被吸附在带负电荷的黏粒表面，转变为交换性 Al^{3+}。

二是酸性物质沉降。SO_2 和 NO_x 等酸性化学物质进入大气后主要通过两种途径降落到地面，一方面酸性化学物质通过气体扩散，将固体物质降落到地面，称为干沉降；另一方面酸性化学物质经过一系列的化学反应形成 H_2SO_4 和 HNO_3 随降水进入土壤，夹带大气酸性物质到达地面的过程称为湿沉降，习惯上称为酸雨。大气中的酸性物质最终都进入土壤，成为土壤氢离子的重要来源之一，进而提高土壤酸度，引发土壤酸化。

三是农业生产活动。农业生产中重施化肥轻施有机肥、未按照作物需肥规律科学施肥是造成土壤酸化的重要因素。就全国而言，土壤 pH 值及其变异系数表现为旱地（6.74±1.19 和 17.63%）＞水旱轮作（6.54±0.93 和

14.26%）＞水田（5.80±0.81 和 13.95%），其中，华南地区农田土壤 pH 值表现为水田（5.74±0.79）＞水旱轮作（5.47±0.56）和旱地（5.45±0.91）。施用酸性及生理酸性肥料会引发土壤酸化，如过磷酸钙本身就含有 5%的游离酸，施到土壤中，会使土壤 pH 值降低；生理酸性肥料如氯化铵、氯化钾、硫酸钾等，施到土壤后因作物选择性吸收铵离子（NH_4^+）和钾离子（K^+）等阳离子，酸根离子被留在土壤中，使土壤酸度增加，长期大量偏施酸性及生理酸性肥料常导致土壤酸化，影响作物正常生长并造成产品品质下降。

二、土壤酸度表征

土壤酸度是指土壤酸性表现的强弱程度。土壤之所以有酸碱性，是因为在土壤中存在少量的氢离子（H^+）和氢氧离子（OH^-）。当氢离子的浓度大于氢氧离子的浓度时，土壤呈酸性。根据土壤中氢离子的存在方式，土壤酸可分为活性酸和潜性酸两大类。土壤活性酸指的是与土壤固相处于平衡状态的土壤溶液中的 H^+；土壤潜性酸指吸附在土壤胶体表面的交换性致酸离子（H^+和 Al^{3+}），交换性氢和铝离子只有转移到溶液中，转变成溶液中的氢离子时，才会显示酸性，故称为潜性酸。

土壤酸度有不同的表示方法，通常用土壤 pH 值表示。土壤 pH 值代表与土壤固相处于平衡的溶液中的 H^+浓度的负对数。pH 值＝7 时，溶液的 H^+ 和 OH^-浓度相等，均为 10^{-7}mol/L。土壤 pH 值的表示方法有 pH_{H_2O} 和 pH_{KCl} 两种，pH_{H_2O}代表水浸提所得的 pH 值，而 pH_{KCl}则表示用 1 mol KCl 溶液浸提土壤所得的 pH 值，在通常情况下 pH_{H_2O}＞pH_{KCl}。土壤水浸液的 pH 值一般在 4~9 的范围内，土壤 pH 值高低可分为若干级，《全国土壤养分含量分级标准表》将土壤 pH 值分为 7 个等级（表1-1）。

表1-1　土壤 pH 值分级

分级	强酸	酸	弱酸	中性	弱碱	碱	强碱
pH 值	<4.5	4.5~5.5	5.5~6.5	6.5~7.5	7.5~8.5	8.5~9.0	>9.0

第三节　酸化土壤的危害

　　酸化土壤的主要障碍因子是低 pH 值，游离铝和交换性铝浓度过高（铝毒），还原态锰浓度过高（锰毒），缺磷、钾、钙和镁等。各种障碍因子在不同生态条件下危害不同，有时只是某一因素起主导作用，有时则是几种因素的综合作用。例如，在热带或亚热带一些强酸性土壤中，H^+ 对植物生长造成直接危害，在 pH 值＜4 的酸性土壤，铝的毒害和缺磷会同时出现，在淹水条件下还兼有锰的毒害作用。我国南方酸性土壤经常发生铝和锰对多种植物的毒害作用，以及普遍发生严重缺磷现象，且硒的利用率也很低。

一、氢离子毒害

　　当土壤 pH 值＜4 时，H^+ 对植物生长会产生直接的毒害作用，不仅根系的数量减少，而且形态也会发生变化，如根系变短、变粗，根系表面呈暗棕色至暗灰色等症状，严重时造成根尖死亡。植物地上部的反应开始并不明显，但在根系严重受损后，植株生长即受到抑制，随后叶片枯萎直至死亡。

1. 破坏根系生物膜

　　高浓度 H^+ 通过离子竞争作用将稳定原生质膜结构的阳离子交换下来，其中最为重要的是钙，从而使质膜的酯化键桥解体，导致膜透性增加。试验表明，在 pH 值＜4 时，植物根系中的大部分矿质元素（如钾、钙、磷、可溶态氮等）和有机物质都会外渗，同时还降低根系对介质中矿质养分的选择性吸收。因此，在 H^+ 过多的条件下，植物要获得与在正常土壤上相同的生长量，就要求生长介质中有更多的有效养分如钙等。

2. 降低土壤微生物活性

　　根瘤菌的固氮对豆科植物的氮素营养有重要作用，而高浓度 H^+ 抑制根瘤菌的侵染，并降低其固氮效率，从而造成植物缺氮。土壤过酸还会严重降低土壤有机质的矿化速率。当土壤 pH 值过低时，多种微生物的活性都会受到严重影响，导致矿化速率下降，使有机物中的矿质养分释放受阻，其中氮和磷受影响最大。因此，低 pH 值条件下，上述养分的有效性都比较低。土壤中矿质养分不同形态之间的转化也受高浓度 H^+ 的影响，其中对土壤氮素转化的影响最为突出。研究表明，当土壤 pH 值＜4.5 时，硝化细菌的活动受到严重抑制，硝化作用基本不能进行，而氨化细菌受抑程度比较轻，从而使土壤中积累大量氨态氮。然而，植物吸收氨态氮后根系又会向根际分泌 H^+，进一步增加根际土壤的酸性，加重酸害。

二、铝的毒害

自然土壤的 pH 值通常高于 4，因而 H^+ 直接产生毒害的可能性不大，低土壤 pH 值所产生的间接影响较大，主要是土壤中铝和锰的浓度过高抑制植物生长，即铝毒和锰毒。无论是水田还是旱地，酸性土壤的铝毒现象都较为普遍，而根系是铝毒危害最敏感的部位。土壤溶液中的铝能以多种形态存在，各种形态铝的容量及其比例取决于溶液的 pH 值。在 pH 值＜5 的土壤溶液中，Al^{3+} 浓度较高；pH 值在 5~6 时，$Al(OH)^{2+}$ 占优势，而在 pH 值＞6 的条件下，其他形态的可溶性铝，$Al(OH)_3$ 和 $Al(OH)_4^-$ 数量较多。当土壤溶液中可溶性铝离子浓度超过一定限度时，植物根就会表现出典型的中毒症状：根系生长明显受阻，根短小，出现畸形卷曲，脆弱易断。植株地上部往往表现出缺钙和缺铁的症状。造成植物铝毒害的机理有以下几种。

1. 抑制根分生组织细胞分裂

DNA 是具有双螺旋结构的大分子，其中两条互补链通过碱基配对形成一定的立体构象，铝过多则可能干扰和破坏 DNA 的构象。当 pH 值＜6 时，铝主要以 $Al(OH)^{2+}$ 的形态存在，它和 DNA 分子核苷酸上的氧结合，并将两个 DNA 单链牢牢地联结在一起，从而导致 DNA 变性、钝化。也有资料表明，Al 或 $Al(OH)^{2+}$ 直接与核苷酸上的酯态磷结合也会使 DNA 活性下降。由于铝的这种"凝结作用"，使得 DNA 的复制功能遭到破坏，细胞分裂停止。

2. 破坏细胞膜结构和降低 ATP 酶活性

植物细胞膜主要由磷脂和膜蛋白组成。正常的细胞膜具有良好的延展性，而过多的 Al^{3+} 可以与膜上的磷脂或蛋白质结合，破坏膜的延展性，并影响膜的功能。例如用含 Al^{3+} 的溶液处理大麦根系，细胞膜 ATP 酶活性和膜电位显著下降，从而降低根系主动吸收矿质养分的能力。

3. 影响多种养分的吸收

过量铝会抑制根对磷、钙、镁、铁等营养元素的吸收。铝对磷的影响主要是形成难溶性的沉淀，使磷淀积在根表或自由空间之中，直接影响植物对磷的吸收。过量铝也会抑制钙和镁的吸收。如增施 $Al_2(SO_4)_3$ 会强烈抑制豇豆对钙、镁的吸收，使植株中钙和镁的浓度大幅度下降。铝抑制钙、镁吸收的主要原因是铝与钙、镁离子竞争质膜上结合位点，铝的这种抑制作用会导致多种作物（如大豆、豇豆、玉米）顶端分生组织缺钙，造成严重减产。过量铝还影响植物铁营养状况。铝对铁的影响主要是干扰 Fe^{3+} 还原成 Fe^{2+} 的过程，阻碍植物根系对铁的吸收，并使植物体内的铁不能充分发挥作用。

4. 抑制豆科植物根瘤固氮

土壤中可溶性铝含量过高时，根系伸长和侧根形成受到严重抑制，根毛数量大量减少。由于根瘤菌恰恰是通过根毛进行侵染的，因此铝毒严重减少了根瘤菌的侵染率，造成结瘤量下降。此外，由于铝毒抑制钙、镁等矿质养分的吸收，矿质营养不良也会使根瘤菌的固氮酶活性降低，从而造成植物缺氮。例如，随着土壤铝饱和度的增加，大豆结瘤量明显下降，从而导致植株含氮量锐减。

三、锰的毒害

锰的毒害多发生在淹水的酸性土壤上。Mn^{2+} 是致毒的形态，而 Mn^{2+} 只有在较低的 pH 值和 Eh（氧化还原电位）条件下才会出现。与铝毒不同，植物锰中毒的症状首先出现在地上部，表现为叶片失绿，嫩叶变黄，严重时出现坏死斑点。锰中毒的老叶常出现黑色斑点，通过切片观察和成分分析证明是 MnO_2 的沉淀物。过量的锰致毒有以下两个方面。

1. 影响酶的活性

过多的锰会降低如水解酶、抗坏血酸氧化酶、细胞色素氧化酶、硝酸还原酶以及谷胱甘肽氧化酶等酶的活性，但也能提高过氧化物酶和吲哚乙酸氧化酶的活性。植物酶系统的正常生理功能因此受到干扰，植物代谢出现紊乱，光合作用不能顺利进行，从而导致植物正常生长发育受阻。

2. 影响矿质养分的吸收、运输和生理功能

锰过量造成植物缺钙是酸性土壤上常见的现象。锰过量时，植物体内吲哚乙酸氧化酶的活性大大提高，使生长素分解加速，体内生长素含量下降，致使生长点的质子泵向自由空间分泌质子的数量减少，细胞壁伸展受阻，负电荷点位减少，从而导致钙向顶端幼嫩组织运输量降低，出现顶芽死亡等典型的生理缺钙现象。供锰过量还严重抑制了植株对钙的吸收，使全株平均含钙量远低于正常供锰处理。同时，过量锰还影响植物体内钙的分布，与正常供锰植株相比较，供锰过量时，植株根中的含钙量较高，而叶片中的含钙量则较低，表明过量的锰阻碍了钙从根向叶的长距离运输。

四、土壤酸化的主要危害

1. 降低土壤物理性质

土壤团聚体是由土壤中的有机质、金属阳离子以及黏粒胶结复合形成的颗粒物，是土壤物理结构的基本单元。土壤 pH 值可通过调节作物生长、土壤微生物活性、有机质输入及多价阳离子溶解性等因素来影响土壤团聚体的形成及稳定，进而影响土壤的物理特性。例如酸性条件下，土壤的胶体含有较多的 H^+，这会导致土壤交换性 Ca^{2+} 很容易被淋溶。而 Ca^{2+} 作为土壤结构形成的主要桥梁，当土壤中 Ca^{2+} 被大量淋溶时，会导致土壤结构的解体，难以形成良好的团聚体结构，从而导致土壤透气性和渗透性变差，容易引起侵蚀和水土流失，进而影响作物对水分和养分的吸收。又如碱性条件下，土壤颗粒吸附的 Ca^{2+} 容易被 Na^+ 置换出来，导致土壤中吸附的 Ca^{2+} 减少，Na^+ 增多，土壤逐渐被交换性钠所饱和，而后会迅速呈现出碱化特征，如土壤板结、土壤表面出现盐结皮、盐壳或呈龟裂状等，碱化严重的会导致寸草不生，形成光板地。由此可见，碱化会严重破坏土壤结构，影响土壤物理特性，究其原因，主要是因为碱化土壤中富含的 Na^+ 会使土壤黏粒外围的水膜增厚、土壤胶体的扩散双电层厚度和电动电位增加，进而导致土壤黏粒的分散性增加，使土壤胶体遇水容易分散，土壤孔隙容易堵塞，最终破坏土壤的结构和稳定性。反过来，这种由碱化引起的土壤黏重和低孔隙度又会对水分和盐分的运动造成阻碍，从而导致盐分在土壤中大量累积，使土壤进入恶性循环，土壤质量进一步恶化。

2. 影响土壤化学特性

植物通过根系从土壤中获取大部分养分和水分。任何限制根系生长和活动的因素都有可能限制养分的有效性。这并不是因为土壤中没有植物可利用的养分，而是因为植物吸收这些养分的能力受到限制。土壤酸碱度被认为是土壤化学的"主变量"，因为它对涉及土壤养分元素、重金属元素等的多种化学反应有深远的影响。研究表明，土壤酸碱度与土壤中元素的转化、释放和有效性密切相关。在不同的酸碱条件下，各营养元素的分解、转化及有效性都会受到不同程度的影响。例如，在酸性土壤中，氮元素的固氮速率将显著降低；磷元素容易形成磷酸铁、磷酸铝等化合物，从而导致有效性降低。在强碱性土壤中，钙、镁等中量元素的溶解度会逐渐降低，硼、锰、铜等微量元素的有效活性也将大打折扣。研究者在分析土壤养分与土壤 pH 值的关系时发现，当 pH 值＞7 时，土壤中全氮、全钾、速效钾、有效钙、有效镁的含量均达到最高，有效铁和有效硫的含量最低；pH 值为 5.5~6.5 时，土壤有机质、碱解氮、速效钾、有效钙、有效镁、有效铜、有效锌、有效铁、有效硫的含量丰富，土壤全钾和有效硼含量略低于临界值。由此可见，土壤 pH 值对矿质养分元素的含量和有效性影响显著。pH 值能够直接或间接地影响这些元素的溶解度，从而决定它们的生物利用度和迁移率。一种养分要被植物吸收，它必须先溶解在溶液中；因此，它也是可移动的，有可能在渗滤液或径流中流失。土壤 pH 值下降可以增加土壤溶液中的正电荷，减少净负电荷，因此那些吸附在土壤胶体表面上的盐基离子（Ca^{2+}、Mg^{2+}、Na^+、K^+）很容易被 H^+、Al^{3+} 置换到土壤溶液中，进而随水淋失，导致土壤养分匮乏。因此，酸性土壤管理对于农业和环境管理都至关重要。

3. 提高土壤重金属活性

土壤环境中重金属离子的沉淀—溶解、吸附—解析、络合—解络等过程与土壤 pH 值密切相关，简而言之，土壤 pH 值会直接影响重金属元素（如 As、Pb、Cd、Cu 等）在土壤中的溶解度和移动性。研究表明，土壤 pH 值的升高会促进铜离子的吸附，土壤 pH 值的降低会增加锰、镉、铬等有毒金属离子的溶解度，提高其活性。强酸性土壤中，交换态重金属 Cd、Cu、Pb、Zn 含量显著提高，而碳酸盐结合态 Cd、Cu、Pb、Zn 含量则显著降低。由此可见，土壤酸化会增加重金属离子的活性并使其在土壤中积累，进而影响作物安全。

4. 抑制植物生长

酸性土壤上最大的问题是作物生长受抑制。在我国南方地区，气候条件适宜植物生长，土壤的酸性及其诱导的一系列胁迫因子是作物产能发挥的主要限制因子。多年氮肥大量施用导致红壤严重酸化，土壤 pH 值接近 4.2，玉米和小麦产量显著降低，甚至绝产。当土壤 pH 值由 5.4 降至 4.7 时，油菜减产达 40%，花生和芝麻减产 15% 左右；当土壤 pH 值由 4.6 进一步降至 4.2 时，油菜减产达 62% 以上。在酸性硫酸盐土上，由于土壤酸性太强，很多水稻品种难以生长，几乎绝收。在酸沉降严重时期，由于酸沉降导致的土壤酸化及酸雨的直接危害，我国西南地区出现大面积森林死亡现象，森林生态系统受到严重破坏。

5. 影响作物品质

由于酸性土壤钙、镁含量低，香蕉易产生裂果问题，相反，酸性土壤上植物吸收锰比较多，苹果树皮受到毒害，导致非常严重的树皮病。土壤的酸化还显著提高一些有毒重金属的有效性，导致农产品重金属含量升高。当土壤 pH 值降低 1 个单位，土壤镉的活性升高 100 倍，所以在很多情况下，作物重金属吸收增多不完全因为土壤彻底被污染，而是因为土壤酸化大幅增加了土壤重金属活性。土壤重金属生物有效性与土壤 pH 值呈负相关关系，废旧电子产品拆解场地周边农田土壤酸化和重金属污染经常重叠发生。酸性土壤改良剂常被用来修复土壤重金属污染，例如石灰被制成土壤重金属污染修复产品。

6. 抑制微生物活性

大部分微生物活动所需的土壤 pH 值范围为 5.5~8.8。基于距离的冗余度分析表明，在酸性和近中性土壤中，细菌群落结构受土壤 pH 值的影响显著，而在碱性土壤中，细菌群落结构几乎不受任何土壤化学性质的影响。大多数细菌类群在近中性土壤中的相对丰度高于酸性或碱性土壤。土壤中芽孢杆菌、自生固氮菌、氨化细菌、硝化细菌等功能微生物适宜在 pH 值为 6.5～7.5 的近中性土壤环境生存。当土壤 pH 值下降，会显著降低与土壤氮素硝化过程密切相关的硝化细菌和氨氧化细菌的数量和活性，从而削弱了土壤硝化作用，遏制了土壤中氮素循环转化过程。在低 pH 值条件下，真菌呼吸通常高于细菌呼吸，反之亦然，因为真菌比细菌更适应酸性土壤条件。此外，胞外酶由土壤微生物产生，用于养分的生物地球化学循环。土壤 pH 值影响土壤酶活性，并可能通过对微生物的影响来间接调节酶。酶催化反应的速率取决于反应发生的 pH 值，酶活力最大时的 pH 值称为最适 pH 值。土壤中的酶具有不同于纯酶的独特的酶学特性，其活性与土壤 pH 值密切相关。值得注意的是，作用在相同底物上的酶的最适 pH 值可能有很大的不同。在生物系统中有无数的酶帮助各种物质的转化，为了适应当地的环境，微生物进化产生不同类型的酶（同工酶），虽然它们的功能相同，但热力学和动力学性质却各有不同。因此，它们达到最适活性的 pH 值可能会有所不同。相关研究表明，pH 值 = 5 和 pH 值 = 7 两种土壤中参与 C、N、P 循环的一系列胞外酶的最适 pH 值不同，其变化的方向是向源土壤的 pH 方向移动，进一步通过扩增序列测定分析发现，pH 值 = 5 和 pH 值 = 7 土壤中的细菌和真菌群落明显不同。并且，从宏基因组中提取的 β - 葡萄糖苷酶基因序列显示，pH 值 = 5 土壤中的酸杆菌生产者丰度增加，而 pH 值 = 7 土壤中的放线菌生产者丰度增加。根据上述结果可以得出，土壤胞外酶的最适 pH 值适应土壤 pH 值的长期变化，其方向取决于土壤 pH 值的变化；进一步的证据表明，功能性微生物群落的变化可能是这种现象的基础，即土壤微生物群落产生了与 pH 值相适应的同工酶。

7. 破坏生态环境

土壤微生物对 pH 值非常敏感，土壤酸化会降低微生物多样性和丰度，影响微生物群落结构，破坏微生态系统，加剧土壤病虫害发生。以往石灰性土壤上线虫一直不是问题，近些年来大棚蔬菜地大量施用化肥，导致土壤酸化，根结线虫偏好酸性环境，当土壤 pH 值降低时，刺激了根结线虫大量繁殖，蔬菜根系长出很多根瘤子，导致蔬菜减产，线虫成为北方蔬菜种植中一大危害。当土壤 pH 值降低时，土壤中一些养分、铝和重金属有效性提高，在南方强降雨条件下，养分和金属元素淋失和流失，对地下水、河流、湖泊等水体环境构成潜在威胁。特别是在菜地土壤上，养分高度富集与土壤酸化并存，这种情况可能会产生较高的氮、磷流失风险，造成面源污染。在一些废弃矿山和矿井地区，土壤酸化还会破坏水体，危害水生生物，腐蚀金属设备，甚至影响国家水上建设。

第四节　常见酸化耕地的治理策略

一、酸性土壤的分区、分级和分类改良

我国酸性土壤面积大，地区间差异大，同一地区不同地块间差异也大，在南方坡耕地，甚至同一地块的不同位置土壤 pH 值也存在较大差异。因此，在酸性土壤改良前，做好土壤 pH 值和养分的基础检测很有必要，根据不同地区、不同地块、不同土地利用类型的土壤酸度特点，结合植物类型，有针对性地进行酸性土壤的分区、分级和分类改良。优先选择酸性土壤面积大、酸度等级高、种植酸敏感植物的土壤进行改良，合理施用石灰等碱性物质，根据土壤酸度等级，确定施用量和施用周期，实现快速降酸和长效控酸目标。

二、土壤酸度改良和肥力提高并重

南方红壤的突出特点是酸和瘦，目前针对红壤酸度的改良开展了大量研究，而关于瘦的研究明显不足。能够改良酸性土壤的碱性材料有很多，如石灰、有机物料、生物质炭、粉煤灰、碱渣、磷石膏、造纸废渣等，并在酸性土壤改良中发挥了较好效果。酸性土壤对磷酸根、钼酸根和硼酸根吸附能力强，导致酸性土壤中磷、钼和硼的有效性较低。南方地区高温多雨，土壤有机质分解快，养分淋失多，酸性土壤肥力较低，多种养分缺乏。改良酸性土壤不仅需要提高土壤 pH 值，而且需要提高土壤肥力，二者并重，才能有效提高酸性土壤生产力。

三、石灰在酸化耕地治理中的应用

俗话说"田里施石灰，仓里把金堆"，我国南方的红壤、黄壤大部分是酸性土壤，历来就有施用石灰改良土壤的习惯。

石灰类物质包括石灰石粉（主要成分碳酸钙）、生石灰（主要成分氧化钙）、熟石灰（主要成分氢氧化钙）、碳酸石灰（主要成分碳酸钙）等。长期以来，施用石灰类物质调节土壤酸度已成为我国南方农民常用的有效手段。在我国南方强酸性土壤的总酸度中，交换性 H^+ 质量分数一般只占 1% ~ 3%，其余均为交换性 Al^{3+}，Al^{3+} 水解产生 H^+，是导致土壤变酸的主要原因。石灰类物质作为酸性土壤调理剂是利用石灰成分促进 Al^{3+} 的水解，又可中和其产生的 H^+，从而有效防治土壤酸化危害。石灰石的主要成分是碳酸钙（$CaCO_3$），它与一定比例的煤混合后，在石灰窑中经 800~$1\,000℃$ 的高温煅烧，变成白色块状的氧化钙（CaO），这就是生石灰。窑中的化学反应可以用下列方程式表示。

$$CaCO_3 \rightarrow CaO + CO_2$$

石灰是一种钙质肥料，为白色粉末，有时成块状，呈碱性反应。石灰吸湿性很强，遇水变成氢氧化钙 $[Ca(OH)_2]$，俗称熟石灰，放出大量热；在贮存过程中，氢氧化钙能吸收大气中的二氧化碳，熟石灰中和土壤酸性的能力也比较强，而且施用方便。生石灰和熟石灰在长期贮存后，会吸收空气中的二氧化碳生成碳酸钙。不论是旱地还是水田，施用石灰都能不同程度地增加产量。

$$CaO + CO_2 \rightarrow CaCO_3$$
$$Ca(OH)_2 + CO_2 \rightarrow CaCO_3 + H_2O$$

生石灰或熟石灰存放过久，它们中和酸性的能力就会减弱，经过久放的陈石灰效果差就是这个原因。石灰可用来治理酸化土壤主要有以下几个原因。

一是中和土壤酸性。石灰是一种碱性物质，能直接施入田中，但因其是块状的，施用不便，因此农村中常将生石灰堆放一段时间，让它吸水变成粉末状的熟石灰后再施用。熟石灰又称消石灰，其主要成分是氢氧化钙。施入土壤后解离出氢氧离子和钙离子，氢氧离子与土壤溶液中的氢离子结合，使土壤活性酸得到了中和。同时，钙离子又把胶体上吸附的氢和铝替换下来，使土壤潜性酸得到中和。如此就降低了土壤酸度，为作物生长提供了较好的土壤环境。

二是增加土壤养分。石灰中含有大量钙离子，也含有少量镁离子，在酸性红壤土中通常缺少钙、镁等元素，石灰施入土壤能补充作物需要的养分元素，特别是一些喜钙的豆科作物施用石灰以后，呈现较好的长势。此外，酸性土壤施用石灰还能使铁、铝的活动性降低，加速磷的活化，提高磷肥的肥效。但如果石灰施用过多，这些磷素又会进一步转化为难溶的磷酸钙而重新被固定起来。

三是加速有机物分解。酸性土壤在施用有机肥后再施用适量石灰，较好地中和了土壤酸性和有机质分解产生的有机酸，把不利于微生物活动的酸性环境改变为接近中性的环境，促使微生物大量繁殖，加快了绿肥等有机物料的分解。因此，红壤丘陵地区一般在紫云英耕沤以后，通常施用 50 kg 左右的石灰来加速有机物料的分解。

四是改善耕层性状。酸性的红壤土一般比较黏重，容易板结，施用石灰促进了微生物大量繁殖，加速了腐殖质的生成；同时腐殖质与钙离子形成的腐殖酸钙是一种良好的土粒黏结剂，为土壤团粒结构的形成创造了有利条件。但是，长期大量施用石灰，又忽视有机肥料的投入，被微生物活动所消耗的腐殖质得不到有效补充，团粒结构遭到破坏，土壤就会板结。

五是减轻毒害作用。土壤中某些有害物质会严重影响作物生长。如在强酸性的土壤中，铝离子浓度超过了一定限度会对作物产生严重的毒害作用。施用石灰后，把铝离子从土壤胶体上交换下来，并在接近中性的环境中使之变成难溶的沉淀，从而减轻了它的毒害作用。又如在一些冷浸田中，往往由于缺氧会使土壤中硫化氢、亚铁离子等还原性物质的浓度大大增加。当这些还原性物质的浓度超过一定限度，也会使作物根部受到严重毒害。冷浸田水稻的"发僵"往往与毒害物质存在有关。在这种情况下，施用石灰再配合搁田，可以收到良好的效果。因为石灰能降低土壤的酸性，使硫化氢变成硫化钙沉淀下来，搁田也有利于亚铁离子氧化为铁离子。

石灰同其他肥料一样，也要注意合理施用，才能发挥增产效果。盲目施用有时会给生产带来危害。因此，在有条件的时候，要根据土壤酸度和土壤

15

其他理化性质，计算合理用量，做到科学施肥。石灰的合理施用一般应该考虑以下几个因素。

一是土壤性质。石灰的用量要根据土壤酸度、肥力水平、土壤质地等灵活掌握。一般酸性越强，石灰施用越多。绿肥产量较高的田块，适当增加石灰的用量。

判断土壤是否酸性也有比较简便的方法，即通过"三个观察"。①观察野生植物中有没有喜酸植物，如果杜鹃花（映山红）、铁芒箕、毛栗等植物较多，就表明土壤是酸性的；②观察土壤颜色，如果耕作土壤为红黄色的黄泥土、红黄泥土，大多数是酸性的；③观察田间水的质地，如灌溉水混浊，甚至出现锈膜，就表明土壤酸性较强。

二是植物的特性。石灰的施用还要考虑作物的耐酸能力，耐酸较强的作物，如马铃薯、烟草等可以不施石灰；耐酸中等的作物，如豌豆、甜菜、水稻等可以少施石灰；而大麦、玉米等不耐酸，就要多施一些石灰。茶树是典型喜酸作物，如果施用石灰对生长反而不利。

三是气候条件。高寒山区由于土壤温度比较低，有机物质不容易分解，石灰的施用量要大一些，但也不能施得过多。施用过量就超出了调节土壤酸度的需要，反而不利于土壤肥力的提高。

四是配施方式。石灰与绿肥配合施用可加快绿肥的分解，提高土壤有机质含量，可以起到相互促进的作用。如果单独施用石灰，会加快土壤有机质消耗，破坏土壤结构，造成土壤板结。石灰呈碱性，要避免与硫酸铵、氯化铵、碳酸氢铵等氮肥一起混合，也不要与腐熟的农家肥同时施用，以免造成氮素的损失，也不宜与磷肥混合施用。

在旱地中石灰一般作基肥。水田石灰多用作基肥，也可以作水稻追肥。酸性强的土壤（pH值为4.5~5.5），每亩施用石灰500~750 kg，一次施用有效期4~5年。在水田中可用石灰作基肥或追肥，一般在分蘖和幼穗分化始期结合中耕进行，每亩施用石灰200~300 kg，每施一次2~3年有效。适量施用石灰，作物可增产10%~20%。江西红壤研究所试验结果表明，以旱地大豆、水稻双季稻施用石灰效果显著，晚稻施用石灰不仅当季增产，而且后作紫云英也增产20%~30%。施用石灰不能过量，以免加速土壤有机质的分解，消耗地力，使下茬作物减产。施用石灰应配合施用有机肥料和氮、磷、钾化学肥料。

在水田整地时，石灰作为基肥与农家肥一起施入，或者在绿肥翻压时施入，犁耕耙匀，能促进有机质的分解腐烂；在冷浸性低产田，每亩用石灰50 kg作耕面肥，能提高地温。

在水稻生育期间，每亩追肥撒施石灰25 kg左右，然后耘田，使肥与土混匀。在缺钙的土壤上，豆科、块根、麦类等喜钙作物播种时，每亩施用石灰15~25 kg，进行沟施或穴施，白菜、甘蓝可在幼苗移栽时，用石灰与有机肥混匀穴施，都有较好的增产效果。

生石灰碱性强，如果施用过量或不匀，也会造成局部过碱而引起烧苗，因此要提前施匀。石灰是碱性肥料，不要与人畜粪尿、氮素化肥混合贮存或施用，避免氮肥损失，也不要与普钙混合施用，以免降低肥效。石灰至少有2~3年残效，用量较多时，不要年年施用。

四、草木灰在酸化耕地治理中的应用

草木灰是植物燃烧以后的灰分，含有6%~12%的氧化钾，也含有较多的钙和磷，还含有镁、硫、硼、锌、钼、铜等微量元素，是一种比较理想的优质肥料。合理施用草木灰，应重点掌握以下内容。

一是草木灰中含有各种钾盐，其中以碳酸钾为主，其次是硫酸钾及少量的氯化钾，属于生理碱性肥料，所以，草木灰不能与铵态氮肥混合施用，也不能与人粪尿、圈肥等有机肥料混合。为提高草木灰肥效，要进行单积单攒，单独施用。

二是草木灰所含的钾盐，90%以上可溶于水，为速效性钾肥。草木灰可作基肥、种肥和追肥，其水溶液也可用于根外追肥。

三是草木灰以集中施用为宜，采用条施和穴施均可，施用深度为8~10 cm，施后覆土。施用前先拌2~3倍的湿土或以少许水分喷湿后再用，防止灰分飞扬，每亩用量一般以30~50 kg为宜。

五、有机肥在酸化耕地治理中的应用

大量增施有机物质（秸秆绿肥、粪肥等）能够改良土壤酸度，促进作物生长，而且有机质可与铝进行络合，能减轻铝的毒害。另外，有机质分解产生的有机还原物质可使土壤中的铁、锰氧化物等被还原，使土壤 pH 值增大。

碱性肥料泛指呈现碱性反应的肥料，分为化学碱性肥料和生理碱性肥料两种，前者溶于水即呈碱性，如氨水、草木灰等，后者的养分被植物吸收后使土壤溶液趋向碱性，如硝酸钠、硝酸钙等。

六、有机无机相结合的肥料施用措施

有机肥与化肥在中性和碱性土壤上经常表现出相同肥效，有时有机肥肥效更低，但是在南方酸性红壤上，特别是旱地土壤上，有机肥经常表现出较化肥更好的肥效，施用有机肥的土壤作物产量高，养分吸收能力强。有机肥在改良酸性土壤中有多方面优势。①有机肥大都 pH 值较高，可降低土壤酸度和铝毒；②有机肥可提高土壤酸缓冲能力，减缓土壤酸化，有机肥中的一些有机官能团还可结合 Al^{3+}，降低铝的活性；③南方气温高、降雨多，有机肥可在土壤中快速分解，较快为植物生长提供更多养分；④南方红壤黏性强、易板结，有机肥可改善土壤团聚体结构，间接提高土壤肥力。相反，化肥特别是氮肥，不仅容易导致土壤酸化，而且损失较多，保肥性差。由于有机肥肥效较慢，短期内，有机肥应与化肥配施，为酸性土壤上作物苗期生长提供充足养分。长期考虑，施用有机肥是提高酸性土壤肥力和降低土壤酸度的一项行之有效的举措。在施用有机肥的同时，如能结合秸秆还田和冬季绿肥施用，则能显著改良土壤酸度，并降低有机肥施用量，减少其负面影响，提高耕地产能。

七、生物炭在酸化耕地治理中的应用

生物炭俗称"黑色黄金"，主要以农业废弃物如秸秆、动物粪便等为原料，在厌氧或缺氧的条件下，经一定的温度热解产生的含碳量高、具有较大比表面积稳定的固态物质。生物炭一般呈碱性，施入土壤可改善土壤酸度；生物炭具有比表面积大、孔隙多等特点，可增大土壤孔隙度、降低容重，改善土壤质地结构。此外，生物炭本身富含氮、磷、钾等营养元素，可增加土壤养分含量，提高土壤肥力水平，被誉为最具前景的土壤改良剂之一。

1. 生物炭对酸化土壤 pH 值的影响

研究发现，水稻、油菜和玉米生产上施用水稻秸秆生物炭、玉米秸秆生物炭、小麦秸秆生物炭、稻壳生物炭和竹炭等均可有效提高土壤 pH 值，降低交换性酸含量，且以稻壳生物炭的应用效果最佳；油菜生产上应用果树枝生物炭、牛粪生物炭和花生壳生物炭均显著提高了土壤的 pH 值，降低了交换性酸、交换性铝和交换性氢的含量，并以 450℃ 牛粪生物炭对酸化棕壤的改良效果最佳。除粮油作物外，施用生物炭对茶园酸化土壤也有较好的改良效果，李昌娟等研究发现茶园酸化改良生物炭用量为 2 590 kg/hm² 时效果较优；郑慧芬等则认为，生物炭施用量为 40 000 kg/hm² 在提高土壤 pH 值方面表现突出；长期连续 5 年施用生物炭茶园土壤 pH 值提高了 0.16~1.11 个单位。可见，在粮油作物和经济作物生产上均可应用生物炭改良酸性土壤，但不同生物炭种类酸化改良效果不同，推荐用量也不尽相同。

生物炭影响土壤 pH 值的潜在机制主要有以下几种：一是生物炭大多自身含有较强的碱性物质，进入土壤后碱性物质释放，直接中和土壤酸度，提高土壤 pH 值；二是生物炭本身还有较多的灰分物质，如钾、钙、镁等，可提高酸性土壤盐基饱和度，并通过吸持作用来降低土壤氢离子和交换性铝的含量，进而降低土壤酸度；三是生物炭的添加为微生物的栖息提供了条件，微生物大量繁殖促进了有机物质的矿化过程，而矿化过程则消耗大量的 H^+，导致土壤 pH 值进一步提高。

2. 生物炭对酸化土壤养分含量的影响

生物炭的输入可以在一定程度上提高土壤氮、磷、钾等速效养分含量，并可长期稳定持续性保留养分，进而提高土壤肥力。如施用桑枝、木薯秆和甘蔗渣 3 种生物炭均有效提高了稻田土壤肥力，但不同种类生物炭对土壤养分含量的影响不同，其中木薯秆生物炭对土壤全氮、有效磷和速效钾含量的提升效果最佳。施用生物炭显著增加了甘蔗田土壤碱解氮、速效钾和有机质含量；烟草种植中施用油菜秸秆生物炭可以显著增加土壤有机质和速效氮、磷、钾含量，并以施用 9 kg/hm² 秸秆生物炭的效果最为理想；生物炭提高了葡萄园土壤有机质、有效磷、速效钾含量，且同一施用方式下，生物炭施用量越高，土壤碱解氮、速效钾含量越高；茶园施用 40 kg/hm² 生物炭，土壤有机质、有效磷和速效钾分别增加了 62.1%、153.9% 和 173.6%。可见，施用生物炭可在一定程度上提高土壤养分含量，但不同种类生物炭对土壤养分含量的影响不同。

生物炭对土壤肥力的改善作用可能是由于：一是生物炭本身含有一定量的矿质元素，施入土壤后会增加土壤中氮、磷、钾等元素的含量，进而提高土壤养分含量和肥力水平；二是生物炭具有较大的比表面积和高度的孔隙结构，其对养分离子的吸附和保持能力提高，生物炭表面带有负电荷，可以提高土壤对养分离子钙、钾、镁等的吸持能力，减少淋溶损失，进而提高土壤肥力。

3. 生物炭对酸化土壤质地结构的影响

生物炭具有疏松多孔、比表面积巨大等特性，能有效吸附土壤胶体，促进土壤团粒结构的形成，改善酸化土壤物理结构。研究发现，生物炭对土壤水稳性大团聚体的形成、土壤结构及稳定性提升效果显著，可有效改良土壤团聚体结构，增加土壤总孔隙度，增强土壤保墒保温能力；连续 6 年微区定位试验显示，与传统的土壤培肥方式相比，生物炭处理可提高土壤供水数量，但降低土壤保水能力。也有研究证实，生物炭施用可以显著降低复配土壤容重，提高复配土田间持水量和土壤孔隙度，从而改善土壤结构。生物炭对土壤质地结构的改善可能是由于生物炭原料在热解过程中挥发性化合物的逃逸在生物炭材料上留下了大大小小的裂缝和孔隙，这使生物炭本身往往具有丰富的孔隙结构、巨大的比表面积，生物炭的这些特点会对土壤的物理性质起到改善作用。

4. 生物炭对酸化土壤微生物的影响

施用油菜秸秆生物炭可显著增加土壤细菌群落多样性，施用不同配比生物炭基土壤调理剂后，土壤微生物丰度提高，其中溶杆菌属、马赛菌属等微生物增加最为明显；酸性红壤茶园施用生物炭后土壤微生物活性显著改善，甘蔗生产中施用生物炭改变了土壤微生物群落结构，增强了宿根甘蔗抗梢腐病能力。生物炭能够提高微生物丰度的重要原因之一是其多孔隙结构和丰富的比表面积，为土壤微生物提供了适宜的栖息地。

中短期试验证实，生物炭对酸化土壤具有较好的改良效果，但是生物炭改良酸化土壤的机理尚不完全清楚，也有研究认为，生物炭在老化后对土壤酸度和铝毒的缓解能力显著下降，甚至会加剧土壤酸化和铝毒害。因此，有必要开展大规模的野外长期定位试验研究，验证生物炭对农业生产的长期有效性及其内在机理。

生物炭的制备需要消耗大量的能源、运输成本，导致施用成本长期居高不下，大面积推广存在一定难度；而秸秆作为生物炭制备的最佳原材料仍旧大量采用直接还田的模式，造成多方面的耕地质量问题。为此，要统筹秸秆再利用和生物炭制备，重点探索秸秆就地炭化还田技术手段，降低异地炭化后再度还田产生的运输、人力成本，降低生物炭施用成本，为扩面推广奠定基础。

生物炭养分含量不高，单独施用费时费工，还需搭配其他肥料才能达到改良培肥效果。生物炭基肥是以生物炭为基质，添加氮、磷、钾等养分的一种或几种，采用化学方法和（或）物理方法混合制成的肥料，兼具生物炭和肥料的双重优势，可同步实现"用地"和"养地"，建议加大生物炭基肥料的研发和推广应用，加快炭基肥的替代量研究和施用方式研究。

八、土壤调理剂在酸化耕地治理中的应用

土壤调理剂指的是加入土壤中用于改善土壤的物理或化学性质及其生物活性的物料。酸性土壤调理剂主要是能有效调节土壤酸度的天然或人工合成的物质。石灰是一种传统的酸性土壤改良剂，具有价格低、取材广、简单有效等优点，但是也有粉尘污染、深层改良不足、易造成土壤板结、土壤易返酸等缺点。生物炭和农作物秸秆制成的有机物料在酸性土壤改良上也有很好效果，但是由于这些材料成本和施用量较大，目前在农业生产实践中尚未得到大面积推广应用。一些工业废弃物如粉煤灰、碱渣、磷石膏、造纸废渣等也可降低土壤酸度，但因担心上述产品的负面环境效应，目前这些材料也未得到推广应用。因此，亟须解决上述改良材料存在的现实问题，突破其应用瓶颈，在产品性状、造粒技术、环境监测、新产品创制等方面加强技术研发和攻关，生产出施用简便、经济长效、生态环保的新型酸性土壤改良剂。硼泥类物质可用来改良土壤酸度，硼泥类物质是指生产硼砂所产生的硼泥，呈

强碱性，pH 值为 9~10，除含少量硼外，还含有镁、钙、硅等有效成分。应用硼泥制取的有机—无机生态肥能有效改良土壤、增加土壤有机质、调节土壤酸度，并可显著提高农作物产量。

九、筛选耐酸作物及发展特色农业

培育和筛选耐酸特别是耐铝的作物品种，对于克服酸性土壤问题具有较广阔的应用前景。最实惠的可能是土壤改良和遗传适应相结合的应用。巴西的育种学家和国际玉米改良中心已选育出一批既耐铝又高产的小麦和玉米品种，在生产中推广应用取得了较好的经济效益。此外，我国南方红黄壤丘陵区山地、林地较多，灌溉条件差异大，又有旱地和水田之分，植物种类多，种植制度多样化。不同植物对酸性土壤的适应能力差异很大，有些植物对酸性土壤有超强的适应能力，甚至喜欢酸性土壤，如茶树和蓝莓，在酸性土壤上应优先种植耐酸铝植物。在我国南方大面积种植的柑橘类植物对酸性土壤也有较好的耐性。种植耐酸性土壤的植物种类，不仅可降低酸性土壤改良成本，还能显著提高经济效益。水稻对酸性土壤也具有较强耐性，淹水条件下土壤 pH 值会向中性发展，在能够保证水分供应条件下，在酸性土壤上种植水稻还能增强土壤有机碳固定，减少土壤养分的流失，具有较好的生态环境效益。因此，针对酸性土壤区不同地块特点，兼顾生态保护和产能提升，以大食物观为指导思想，遵循"宜粮则粮、宜经则经、宜林则林"的酸性土壤综合利用原则，充分发挥不同植物优势，形成同市场需求相适应、同水热资源环境承载力相匹配的酸性土壤特色农业模式，可大力促进我国南方红黄壤酸化区农业发展。

第二章

酸化耕地治理试点
遴选与评估

近年来，鉴于耕地土壤酸化态势，浙江省积极开展酸化耕地治理试点建设，以期形成可复制、可推广的经验模式。2020 年，浙江省积极争取国家酸化耕地治理项目并根据农业农村部、财政部《关于做好 2020 年农业生产发展等项目实施工作的通知》和财政部《关于下达 2020 年农业资源及生态保护补助资金预算的通知》要求，开展国家酸化耕地治理项目县申报工作。

第一节　国家酸化耕地治理试点县遴选

一、申报条件

以县（市、区）农业农村部门为实施主体，自主自愿按条件进行申报。其中，申报酸化耕地治理项目县的，要求当地耕地土壤 pH 值小于 5.5 的强酸性土壤集中连片面积较大，适宜推广施用石灰质物质和酸性土壤调理剂、秸秆还田、种植绿肥等综合技术；申报补充耕地质量评定试点县的，要求当地补充耕地面积较大，具有一定的补充耕地质量评定工作基础。同时，地方政府重视农田建设和耕肥工作，能够配套必要的工作经费；耕肥基础条件好，专业技术力量强，工作积极性高。

二、建设任务

（一）建设目标

酸化耕地治理项目县建设目标：通过开展耕地土壤酸化治理，推广应用土壤改良、地力培肥等综合治理修复技术模式，促进耕地质量提升。至少建设 1 个万亩以上集中连片治理核心试验示范区，全县土壤酸化治理示范面积达 3 万亩以上，通过连续 3~4 年的治理，耕地质量提升 0.5 个等级，粮食产能提高 10%，酸化耕地土壤 pH 值平均增加 0.5 个单位，耕地土壤酸化因子基本消除或消减，逐步形成适合本区域耕地酸化土壤综合治理技术规程标准体系。

（二）建设内容

一是建立试验示范核心区。根据土壤类型、耕作制度和作物种类，在土壤酸化较为明显的水稻、蔬菜、水果等主要作物种植区域，合理布局示范点，按照"有主推技术模式、有实施主体、有责任领导、有指导专家、有宣传标识牌"要求，每个县至少建立 1 个万亩以上集中连片的酸化治理核心试验示范区，全县土壤酸化治理示范面积达 3 万亩以上。

二是集成推广配套技术模式。以解决土壤强酸性问题为导向，针对不同土壤酸化程度，集成配套土壤酸化预防与治理一体的防治技术模式。按照《石灰质改良酸化土壤技术规范》（NY/T 3443—2019），选择石灰质物质，合理确定 pH 值提升目标、施用量和施用频度，快速提升土壤 pH 值，有效遏制土壤酸化；通过秸秆还田、种植绿肥，提升耕地土壤酸缓冲容量和地力水平，有效提升土壤长期抗酸化能力；实施稻麦与绿肥、稻菜轮作等种植制度，采取测土配方施肥，减少化肥施用，合理利用碱性化肥和微生物土壤修复产品，提高酸化土壤 pH 值。

三是创新酸化治理推进机制。大力培育专业化、社会化服务组织，依托实施意愿较高、技术能力较强的种植大户、家庭农场、专业合作社等新型经营主体建设示范区，集中连片开展治理，高质量推动土壤酸化治理工作。

四是建立成效评价制度。按 1 000 亩采集 1 个土样的要求，做好项目实施前、后土壤 pH 值、土壤有机质、土壤理化性状变化等耕地质量评价数据的采集工作，为科学评价项目实施效果提供依据。

三、资金使用

中央财政统筹安排适当补助资金支持酸化治理工作，并按因素法切块下达补助资金，以服务补助为主，物化补助为辅，通过采取政府购买服务的方式，引导种植大户、家庭农场、专业合作社等新型经营主体、社会化服务组织和农业龙头企业实施。资金用于购买专业化服务和物化补助（土壤调理剂、有机肥等）以及技术培训、现场会、项目监测及效果评估、标识牌制作、宣传展示等。

四、试点县确定

（一）县级申请

申报项目（试点）县建设由县（市、区）农业农村主管部门申报，并提交申报材料。

（二）省级评审推荐

省厅根据各地项目申报情况，通过材料审查、专家评审等方法，择优确定浙江省杭州市临安区、乐清市、长兴县、浦江县4个县（市、区）为酸化耕地治理项目县。

第二节　国家酸化耕地治理实施区域酸化治理专项评估

根据《农业农村部办公厅关于做好2020年退化耕地治理与耕地质量等级调查评价工作的通知》和《农业农村部耕地质量监测保护中心关于进一步做好耕地质量等级调查评价工作的通知》要求，项目开展初期对杭州市临安区、乐清市、长兴县、浦江县4个酸化耕地治理项目实施区域实施前（本底）土壤质量状况进行专项评价，为酸化治理项目实施效果评估提供一手资料。

一、基本概况

项目实施区域共覆盖38个乡（镇、街道）、291个行政村；共落实酸化治理面积15.31万亩，其中，杭州市临安区4.11万亩、乐清市4.0万亩、长兴县3.2万亩、浦江县4.0万亩；涉及水稻、甘薯、芦笋（石刁柏）、葡萄、雷竹、茶叶等多种作物。

二、耕地质量等级评价

依据《耕地质量调查监测与评价办法》和《耕地质量等级》（GB/T 33469—2016）国家标准，从耕地立地条件、剖面构型、耕层理化性状、养分状况和土壤健康状况等方面进行耕地质量等级评价。其中杭州市临安区、长兴县为项目实施前取样（2020年），乐清市、浦江县为上一年度即2019年样品，共计土样113个点，此次评价涉及28个乡（镇、街道）、92个行政村，应用"三调"最新成果，耕地（包括果园、茶园、雷竹等可调整类耕地）评价面积155 112亩，其中，杭州市临安区40 738亩、乐清市42 349亩、长兴县32 000亩、浦江县40 024亩。经评价，4个项目县耕地质量等级平均为3.67，稍高于全省耕地质量等级3.70，杭州市临安区为4.11、乐清市为2.87、长兴县为3.99、浦江县为3.80。一至三等的面积68 849亩，占总面积的44.38%，四至六等的面积83 373亩，占总面积的53.75%，七至十等的面积2 889亩，占总面积的1.87%（表2-1）。酸化治理项目区，各地选择了粮油和当地的主导产业，以平原或丘陵缓坡为主，有效土层深厚，不影响根系向下伸长，且排灌设施相对较完善，土壤障碍少，等级较高。

表2-1　浙江省酸化耕地治理区域耕地质量等级情况　　　　　单位：亩

地区	耕地质量等级										总计	平均质量等级
	一等	二等	三等	四等	五等	六等	七等	八等	九等	十等		
合计	6 884	14 525	47 440	53 284	24 799	5 290	1 935	652	272	30	155 112	3.67
临安区	64	2 291	9 433	16 263	8 403	2 926	889	430	39	0	40 738	4.11
乐清市	5 629	9 771	15 967	8 555	1 479	436	184	103	199	27	42 349	2.87
长兴县	159	750	7 283	14 989	8 752	67	0	0	0	0	32 000	3.99
浦江县	1 033	1 714	14 758	13 476	6 165	1 861	863	119	34	3	40 024	3.80

三、土壤主要理化性状分析

此次评价的土壤涉及红壤与水稻土2个土类，黄红壤及水稻土5个亚类即共6个亚类，潮泥田、红泥田、黄斑黏田等15个土属，青紫塥黏田、黄斑田、黄泥砂田等25个土种。

1. 土壤pH值

选择的酸化治理区内pH值介于3.84~6.37，pH值≤5.5的酸性土壤占85%（按点位数分析统计，下同），一定程度上影响作物对养分的吸收及生长，其中pH值≤4.5的强酸性土壤占20.4%；4.5＜pH值≤5.5的酸性土壤占64.6%；5.5＜pH值≤6.5的微酸性土壤占15.0%。项目区水稻、甘薯、葡萄、芦笋、雷竹等作物酸化程度不同（图2-1），雷竹强酸性土壤比例高，强酸性与微酸性土壤比例高于其他作物；水稻、葡萄、芦笋以酸性为主；甘薯强酸性与酸性比例均等，微酸性占据一定比例。

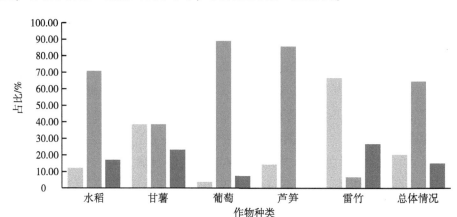

图 2-1　项目区主要作物土壤 pH 值分布

2. 土壤有机质

实施区域土壤有机质含量总体较高，平均值为 37.6 g/kg，有机质含量大于 35 g/kg 占 44.2%、（25，35］g/kg 占 38.9%，即大于 25 g/kg 较高水平的占实施区域八成以上（图 2-2），尤其是芦笋、雷竹种植区土壤有机质含量都大于 35 g/kg。

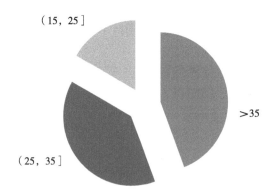

图 2-2　有机质含量分布（单位：g/kg）

3. 土壤有效磷含量

实施区域土壤有效磷呈现富磷、缺磷并存，富磷区域阈值上限 80 mg/kg，接近 2/5（图 2-3），尤其是葡萄、芦笋、雷竹种植区土壤有效磷快速富集，但水稻和甘薯种植区缺磷现象严重。

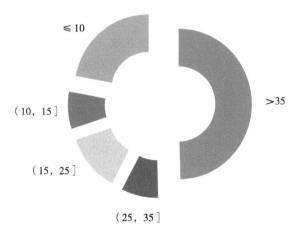

≤ 10

（10, 15］

（15, 25］

（25, 35］

>35

图 2-3　土壤有效磷含量分布（单位：mg/kg）

4. 土壤速效钾含量

实施区域土壤速效钾呈现富钾、缺钾并存（图 2-4），富钾区集中体现在芦笋、雷竹种植区，葡萄在长兴县表现富集但在浦江县表现出以缺乏为主，水稻和甘薯种植区呈现一定比例的缺钾现象。

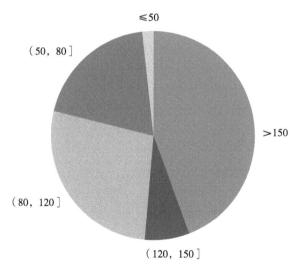

≤50

（50, 80］

（80, 120］

（120, 150］

>150

图 2-4　土壤速效钾含量分布（单位：mg/kg）

四、重点工作

针对不同作物酸化程度，开展"有机肥（商品有机肥、绿肥、秸秆还田）+石灰质物质或土壤调理剂"治酸模式试验示范；在不同作物种植区域，有针对性调整土壤养分比例失调，做好"调、增、减"因土因作物施肥，实现矫正酸化土壤 pH 值、提升耕地地力、提高耕地质量等级，促进作物提高产量、改善品质，增加农民收益。

第 三 章

酸化治理试点建设方案与要求

根据《农业农村部办公厅关于做好退化耕地治理工作的通知》要求，为扎实推进酸化耕地治理，改善土壤健康状况，提升耕地综合产能，特制定国家酸化耕地治理项目方案。

第一节　国家酸化耕地治理项目方案

一、总体思路

深入贯彻落实习近平总书记关于"农田就是农田，而且必须是良田"的重要指示精神，以提升耕地地力、推进耕地可持续利用、促进农业绿色高质量发展为目标，聚焦酸化耕地治理，坚持"用地与养地、防酸与治酸"相结合，开展关键技术联合攻关，集成酸化耕地综合治理技术模式，因地制宜开展推广应用，稳步提升耕地质量水平，夯实粮食安全基础。

二、目标任务

在2020—2021年酸化耕地治理试点基础上，继续在杭州市临安区（4万亩）、乐清市（4万亩）、长兴县（3万亩）和浦江县（4万亩）开展酸化耕地治理，集成推广酸化耕地综合治理技术模式4套，建设千亩以上集中连片综合治理试点核心区4个，构建切实有效、适宜推广的酸化治理综合技术模式体系。到2025年，项目区内耕地质量提升0.5个等级，酸化耕地土壤pH值平均增加0.5个单位。

三、工作内容

（一）编制实施方案

根据农业农村部下达的目标任务与实施要求，编制酸化耕地治理项目年度实施方案，指导项目县因地制宜细化酸化耕地治理项目年度实施方案，进一步明确目标任务、实施区域面积与涉及地块、技术模式与实施举措、补助标准与内容、补助方式、操作流程、进度安排以及保障措施等内容，做到实施方案切实可行、科学高效。

（二）开展综合治理

以解决土壤酸、瘦、板、黏等问题为导向，加强技术集成创新，开展调理剂、炭基肥、有机肥、微生物菌剂等应用试验，集成土壤酸化预防、阻控和治理技术，探索农艺、化学、生物相融合的治理措施，总结形成适宜浙江省的酸化耕地治理综合技术模式，有效缓解耕地土壤酸化状况，提升耕地质量水平。一是按照《石灰质改良酸化土壤技术规范》（NY/T 3443—2019），选择石灰质物质，合理确定 pH 值提升目标、施用量和施用频度，快速提升土壤 pH 值，有效遏制土壤酸化。二是通过秸秆还田、绿肥种植和施用有机肥，多途径提升耕地土壤酸缓冲容量和地力水平，有效提升耕地土壤长期抗酸化能力。三是实施稻麦与绿肥、稻菜轮作等种植制度，采取测土配方施肥，减少化肥施用，合理利用碱性化肥和微生物土壤修复产品，提高酸化土壤 pH 值。

（三）强化试点引领

围绕主导产业建设千亩以上集中连片酸化耕地治理核心区 4 个，推广酸化耕地土壤阻控与产能提升综合治理技术模式，辐射带动酸化耕地治理工作；试点区设立标识牌，强化宣传，围绕试点区设立项目辐射区，依托技术培训、宣传推介等方式强化示范引领，促进酸化耕地综合治理技术模式的推广应用。

（四）完善技术体系

强化与农业农村部耕地质量监测保护中心的对接，充分发挥省级酸化耕地治理技术专家指导组的作用，坚持问题导向，加强技术攻关，逐步构建完善的综合治理技术体系。建立技术专家分片包干制度，酸化治理关键时节组织专家深入田间地头，开展技术巡回指导，推广酸化耕地治理好做法、好经验、好典型，打通技术落地"最后一公里"。

（五）落实效果监测

按照项目区每 1 000 亩采集 1 个土样的要求，持续做好项目实施前后土壤 pH 值、土壤有机质、土壤理化性状变化等耕地质量等级评价数据的采集工作，对酸化耕地治理效果进行跟踪监测与评价，做好与上一年度耕地质量等级和耕地质量主要性状的对比评价，形成酸化耕地治理专项评价报告，为科学评价项目实施效果提供依据。

（六）做好宣传引导

广泛利用微信、微博、电视、报刊等媒介，全方位、多角度宣传酸化耕地治理、土壤健康培育的重要意义；组织主流媒体开展系列宣传报道，充分挖掘推进耕地质量提升的好做法、好经验、好典型，普及土壤健康培育与酸化耕地治理技术知识，引导广大种植业主体树立"用地养地相结合"理念，增强自觉保护土壤、提升耕地质量意识。

四、资金使用要求

（一）规范资金使用

严格按照《财政部　农业农村部关于修订印发农业相关转移支付资金管理办法的通知》《浙江省财政厅　浙江省农业农村厅关于印发浙江省农业相关转移支付资金管理实施细则的通知》和《浙江省财政厅　浙江省农业农村厅关于下达 2022 年第二批中央农业资源及生态保护补助资金的通知》要求，全面实行"大专项+任务清单"管理方式，强化资金使用监管，规范资金使用，加强绩效考核，及时登录农业农村部转移支付管理平台完成项目资金调度情况填报。

（二）明确使用范围

重点支持石灰质物质等土壤调理剂的采购与施用，酸化耕地治理技术新模式、新途径、新产品试验与推广，以及构建酸化耕地综合治理技术模式体系。支持购买专业化服务和物化补助（土壤调理剂、有机肥等）以及技术培训、项目监测及效果评估、标识牌制作、宣传展示等。支持政府购买服务方式，引导种植大户、家庭农场、专业合作社等新型经营主体、社会化服务组织和农业龙头企业实施，支持各地建立酸化耕地治理等耕地保护专业化服务组织，探索建立酸化耕地综合治理的推进机制。

五、保障措施

（一）加强组织领导

进一步提高酸化耕地治理工作重要性的认识，提高政治站位，农业农村局切实承担项目管理的主体责任，加强项目实施的组织领导。进一步压实责任，明确工作职责，强化措施落实，加强指导和考核，并将酸化耕地治理工作纳入年度考核；协同构建上下联动、共同推进的工作机制，有力有序推进酸化治理工作。

（二）强化项目监管

充分利用全国农田建设综合监测监管平台落实项目跟踪调度，及时掌握任务落实、资金使用、工作进度、效果评价等情况，对项目实施过程中发现的问题，要及时督促整改，提高资金使用效益。严格按照《农业相关转移支付资金绩效管理办法》要求，对项目实施情况进行绩效评价。

（三）加强总结评估

深入调查研究，做好酸化耕地治理项目 3 年总结工作。一是试点工作成效。主要包括工作机制构建，如项目组织实施、监督落实、宣传推广等方面；项目实施效果评价，重点突出任务目标完成情况，可从经济、社会、生态等方面展开；耕地管护长效机制构建，如项目实施 3 年退出后，土地经营者能否坚持治理及其原因分析、应对措施等。二是技术体系构建情况。主要包括专家组以及专家包片制度的构建及作用发挥，如专家组名单、专家参与项目情况等；酸化耕地综合治理技术体系构建及其作用发挥，如综合治理技术模式的操作手册编制、实施成本分析、推广应用情况及其效果评价等。

第二节　省级酸化耕地治理试点项目方案

开展酸化耕地治理是落实藏粮于地、藏粮于技战略，守牢耕地质量红线，确保国家粮食安全的重要举措。浙江省在国家酸化耕地治理试点基础上开展省级酸化耕地试点项目，并根据浙江省农业农村厅等五部门《关于印发土壤健康行动实施意见的通知》和浙江省财政厅、浙江省农业农村厅《关于下达 2022 年第二批省农业农村高质量发展专项资金的通知》有关要求，制定项目方案。

一、目标任务

在诸暨市、武义县、龙游县、天台县和景宁县 5 个县（市）开展酸化耕地治理，每个项目县建立千亩以上集中连片治理核心区 1 个，酸化耕地治理实施面积 1 万亩以上。

二、主要内容

（一）集成技术模式

以解决土壤酸、瘦、板、黏等问题为导向，开展调理剂、炭基肥、有机肥、微生物菌剂等应用试验，集成土壤酸化预防、阻控和治理相结合的技术模式，有效缓解耕地土壤酸化状况，提升耕地质量水平。

（二）开展示范推广

项目县围绕主导产业建设千亩以上集中连片酸化耕地治理核心区 1 个，推广酸化耕地土壤阻控与产能提升综合治理技术模式。

（三）开展监测评价

实施酸化治理效果监测，按 500 亩采集 1 个土样的要求定点开展取土化验，监测项目实施前后土壤 pH 值、铝毒和理化性状变化情况，开展酸化耕地治理项目调度，为科学评价酸化治理实施效果提供数据支撑。

三、规范资金使用

各项目（试点）县要严格按照《浙江省农业农村高质量发展专项资金管理办法》有关规定，结合《浙江省财政厅 浙江省农业农村厅关于下达 2022 年第二批省农业农村高质量发展专项资金的通知》下达的资金额度、工作任务、绩效目标，认真抓好工作落实，强化资金使用监管，切实提高资金使用效益。土壤健康培育和酸化耕地治理项目资金主要用于购买物资、专业化服务、开展田间试验、技术协作攻关、示范推广、监测评价和培训宣传等。

四、工作要求

（一）细化实施方案

各项目（试点）县要对标目标任务，科学制定实施方案，明确目标任务、实施区块、技术措施、补助方式、进度安排和保障措施等；围绕当地种植业主导产业，优先选择耕地质量建设认知水平较高、工作基础扎实的基地（主体）开展土壤健康培育，遴选酸化问题突出的区域开展酸化治理。

（二）集成技术模式

各项目（试点）县要聚焦土壤健康培育和酸化耕地治理，联合"三农九方"专家力量开展技术攻关，筛选一批效果佳、成本低、易于推广的土壤改良、酸化治理产品，集成创新土壤健康综合培育和酸化耕地复合治理技术模式，树立一批土壤健康培育基地和酸化治理样板区，为全省耕地质量建设提供类型多样、可复制可推广的技术模式。

（三）创新工作机制

各项目（试点）县要调动专业力量开展技术集成创新，破解土壤健康培育和酸化耕地治理突出难题，推动耕地质量不断提升；通过现场会、培训班等方式，组织实施意愿较高、技术能力较强的规模经营主体开展推广应用，推进集中连片培育、治理，形成规模效益，高质量落实试点工作。

（四）抓好宣传引导

各项目（试点）县要广泛利用微信、微博、电视、报刊等媒介，全方位、多角度宣传土壤健康培育的重要意义；组织主流媒体开展系列宣传报道，充分挖掘推进耕地质量提升的好做法、好经验、好典型，普及土壤健康培育与酸化耕地治理技术知识，引导广大种植业主体树立"用地养地相结合"理念，增强保护土壤、提升耕地质量的自觉性。

第 四 章

酸化耕地治理试点成效

根据《农业农村部办公厅关于做好 2022 年退化耕地治理工作的通知》和《农业农村部耕地质量监测保护中心关于进一步做好耕地质量调查评价工作的通知》要求，浙江省继续在杭州市临安区、乐清市、长兴县和浦江县 4 个项目县（市、区）开展 15 万亩的酸化耕地治理工作，及时做好项目实施前后的耕地质量调查、取土化验和专项评价工作，取得了显著的治理成效。

第一节　工作开展情况

一、资金与任务下达情况

2022 年 4 月，财政部印发《关于下达 2022 年农业资源及生态保护补助资金预算的通知》，安排浙江省酸化耕地治理项目资金 1 914 万元；6 月，农业农村部办公厅下发《关于组织做好 2022 年退化耕地治理工作的通知》，明确浙江省持续开展 15 万亩酸化耕地治理工作。

二、项目县资金与任务情况

浙江省财政厅、浙江省农业农村厅联合下发了《关于下达 2022 年第二批中央农业资源及生态保护补助资金的通知》，及时下拨中央补助资金 1 914 万元，其中拨付杭州市临安区 520 万元、乐清市 507 万元、长兴县 380 万元、浦江县 507 万元，用于开展酸化耕地治理工作。浙江省农业农村厅及时下发《2022 年浙江省酸化耕地治理工作实施方案》，2022 年继续在 4 个县（市、区）组织实施，其中杭州市临安区 4 万亩、乐清市 4 万亩、长兴县 3 万亩、浦江县 4 万亩。

三、实施面积及采样点数量

2021 年完成酸化耕地治理面积 15.31 万亩，其中杭州市临安区 4.04 万亩、乐清市 4.02 万亩、长兴县 3.07 万亩、浦江县 4.18 万亩。完成取土测土 168 个。2022 年酸化治理实施面积完成 15.12 万亩，其中杭州市临安区

4.04 万亩、乐清市 4.02 万亩、长兴县 3.01 万亩、浦江县 4.05 万亩。完成取土测土 154 个。

第二节 主要经验做法

一、科学编制方案

浙江省农业农村厅及时编制印发《2022 年浙江省酸化耕地治理工作实施方案》，明确总体要求和目标任务，把效果监测和专项评价作为重要工作内容写入方案，并在资金的主要投向上予以明确支持。各项目县根据省厅下达的方案，因地制宜制定细化本区域实施方案，落实实施区域和示范基地，并按 1 000 亩实施区域设立 1 个监测点、采集 1 个土样（混合样）的要求，在项目实施前后采集土样进行检测，形成酸化耕地治理专项评价报告。

二、构建工作机制

各地加强酸化耕地治理工作的组织领导，进一步压实各级责任，项目县农业农村局承担项目管理的主体责任，发挥牵头抓总作用，督促指导项目实施工作。各项目县均成立工作领导小组、实施小组、专家指导组等落实具体指导工作，项目实施过程严格执行物资招标制度、项目审计制度、绩效评价制度等约束机制，全程构建了组织严谨、责任明确、上下联动、共同推进的工作机制，有力推进酸化治理工作，为专项评价奠定工作基础。

三、规范工作流程

省级层面，按照中央下达项目资金与绩效目标，提出资金分配方案、细化绩效目标，及时下达资金和工作任务清单，制定省级实施方案。县级层面，根据中央、省级下达的资金和任务清单，成立工作领导小组，优选落实技术支撑单位，制定细化工作方案，遴选实施区域、科学布置示范区、试验与监测点，组织招标（物资招标、技术招标），开展项目实施前取土监测、技术培训、物资发放、指导施用以及项目实施区的跟踪监测、专项评价、总结验收。

四、全程质量控制

一是建立专家巡回指导制度。省级、县级等各级酸化治理工作专家指导组对项目实施全程巡回技术指导，确保项目实施、监测评价科学高效。二是优选酸化治理物资与技术服务。项目所需物资与技术服务执行公开招投标制度，各项目县农业农村局按程序对物资进行抽检，确保优质物资下田，协同实施乡（镇）、合作社等实施主体指导物资下田，确保物资发放有序和物资百分百下田；同时筛选技术力量强的、有酸化治理经验的单位为技术服务支撑单位。三是技术支撑单位助力。协同技术支撑单位，各项目县在水稻、甘薯、葡萄、芦笋、雷竹等作物的治理区科学建立监测点，开展跟踪监测与试验示范。

第三节　耕地质量等级对比分析

依据《耕地质量调查监测与评价办法》和《耕地质量等级》（GB/T 33469—2016）国家标准，从耕地立地条件、剖面构型、耕层理化性状、养分状况和土壤健康状况等方面进行耕地质量等级评价。2022 年共采集酸化耕地治理区土样 154 个点，应用"三调"最新成果，耕地（包括果园、茶园、雷竹等可调整类耕地）评价面积 15.12 万亩，其中，杭州市临安区 4.04 万亩、乐清市 4.02 万亩、长兴县 3.01 万亩、浦江县 4.05 万亩。

经评价，2022 年，4 个项目县耕地质量等级平均为 3.64，相对于 2021 年平均等级 4.01、2020 年（项目实施前）平均等级 4.26 有明显提升。从不同等级分布来看，一至三等的面积为 8.24 万亩，占总面积的 54.6%，比 2021 年提升了 10.2%；四至六等的面积为 5.15 万亩，占总面积的 34.0%；七至十等的面积为 1.73 万亩，占总面积的 11.4%。从不同区县来看，耕地质量从高到低依次为长兴县（1.78）、浦江县（2.76）、乐清市（3.80）、临安区（5.77），除长兴县由于葡萄园土壤有效磷、速效钾含量降低造成平均耕地质量等级有所降低外，其他县（市）酸化治理区耕地质量等级均有提高（表4-1）。

表4-1　浙江省酸化耕地治理区域耕地质量等级情况　　　　单位：亩

地区	一等	二等	三等	四等	五等	六等	七等	八等	九等	十等	平均质量等级
合计	20 749	41 588	20 086	16 465	21 262	13 783	11 666	2 725	7	2 889	3.64
临安区	—	—	1 228	4 115	17 015	8 142	5 221	2 094	—	2 603	5.77
乐清市	1 791	14 475	7 264	3 357	1 990	3 961	6 445	631	7	286	3.80
浦江县	1 479	22 832	4 483	8 833	1 190	1 680	—	—	—	—	2.76
长兴县	17 479	4 281	7 111	160	1 067	—	—	—	—	—	1.78

第四节　耕地质量主要性状指标对比分析

此次评价涉及红壤、水稻土、潮土、紫色土4个土类，黄红壤、灰潮土、酸性紫色土、潴育水稻土、淹育水稻土等共9个亚类，潮壤土、酸性砾泥土、潮泥田、红泥田、黄斑黏田等18个土属，安地酸紫砾土、潮红土、泥红土、黄斑田、黄泥砂田等27个土种，主要分布在平原地区，面积占比65%，山地、丘陵和盆地分别占比19%、15%和1%。项目区选择总体是各个县的产业主产区，因此立地条件好，排灌溉能力相对良好，田内外沟沟相通，主要问题是耕地存在酸化障碍。具体理化性状如下。

一、土壤pH值

酸化治理区内pH值介于4.28~7.71，pH值≤5.5的酸性土壤占44%，相比项目实施前（2020年底，下同）减少了29%，其中pH值≤4.5的强酸性土壤占2%，相比项目实施前减少了21%，比2021年减少了2%；4.5<pH值≤5.5的酸性土壤占42%，相比项目实施前减少了8%，但相比2021年增加了7%；相应的，pH值>5.5的土壤占比相比项目实施前提高了29%（图4-1）。相比项目实施前，2022年水稻、甘薯、葡萄、芦笋种植区酸化均有较大的改善效果（图 4-2），分别有 44%、17%、14% 和 100% 的土壤 pH 值从 ≤5.5 提升到了 5.5 以上；而雷竹种植区整体土壤更加酸化，相比于项目实施前，2% 的土壤 pH 值降低到 5.5 以下，但相对于 2021 年 pH 值有较大改善，10% 的土壤 pH 值提升到 5.5 以上。

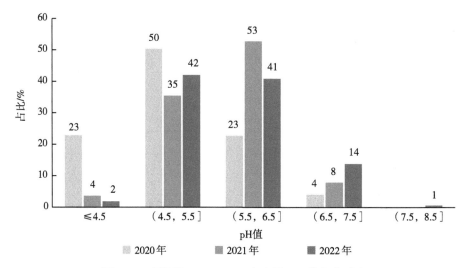

图 4-1　项目区 2020—2022 年土壤 pH 值分布对比

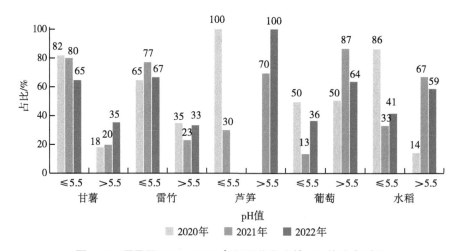

图 4-2　项目区 2020—2022 年不同作物土壤 pH 值分布对比

二、土壤有机质

项目实施区 2022 年土壤有机质含量进一步提高，总体达到高水平，平均值为 35.58 g/kg，＞35 g/kg 占 50%、（25，35］g/kg 占 30%，即＞25 g/kg 较高水平的占实施区域八成，相对于项目实施前提高了 2%，而相对于 2021 年提升了 20%（图 4-3）。项目区水稻、甘薯、葡萄、芦笋、雷竹等作物土壤有机质变动差异较大，雷竹、葡萄土壤有机质含量降低，其中雷竹由于长期覆盖稻壳、砻糠等有机物料，以及部分地区鸡粪等有机肥的投入导致有机质仍显著高于其他作物，水稻有机质含量保持相对稳定；另外，甘薯和芦笋种植区有机质提升显著（图 4-4）。

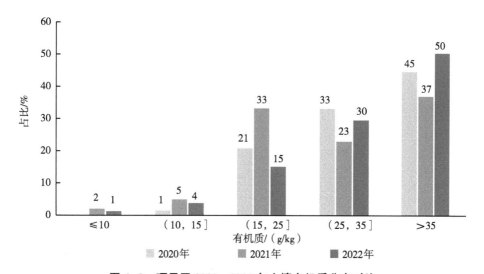

图 4-3　项目区 2020—2022 年土壤有机质分布对比

三、土壤全氮

项目实施区内土壤全氮含量总体较高，平均值 1.70 g/kg，＞2 g/kg 占 39%，（1.5，2.0］g/kg 占 15%，即＞1.5 g/kg 较高水平的占实施区域五成以上。与项目实施前及 2021 年相比，土壤全氮含量下降较为明显（图 4-5）。项目区水稻、甘薯、葡萄、芦笋、雷竹等作物全氮含量变动差异较大，芦笋和水稻土壤全氮含量均有提高，其中芦笋提高相对明显；但甘薯和雷竹种植区土壤全氮含量降低较多，葡萄种植区土壤全氮相对稳定（图4-6）。

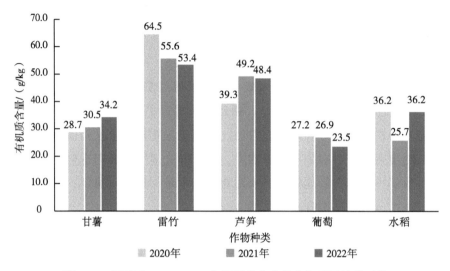

图 4-4　项目区 2020—2022 年不同作物土壤有机质平均值对比

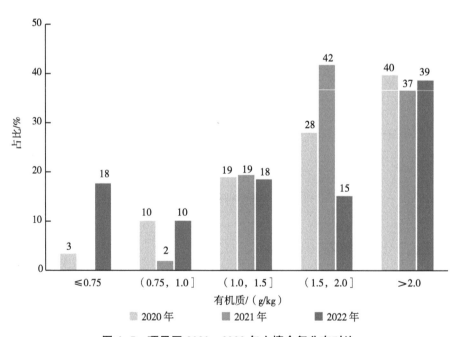

图 4-5　项目区 2020—2022 年土壤全氮分布对比

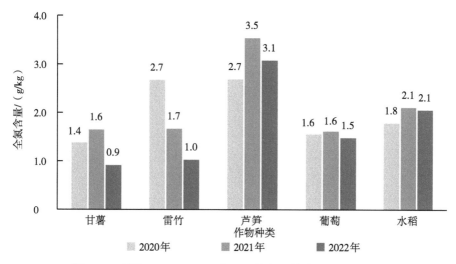

图4-6　项目区2020—2022年不同作物土壤全氮平均值对比

四、土壤有效磷含量

项目实施区内土壤有效磷仍呈现富磷、缺磷并存的情况，且缺磷地区进一步增加，有22%的土壤有效磷含量处于较低及以下水平（≤15 mg/kg），相比于项目实施前和2021年增加了7%。同时仍有34%的土壤处于富磷区域阈值上限（80 mg/kg）；虽然相对于项目实施前情况略有好转，但养分状况明显劣于2021年，相对于2021年中等及以上水平（＞15 mg/kg）占比降低了23%（图4-7）。不同作物种植区有效磷含量差异极大，葡萄有效磷含量有所降低但处于高水平；甘薯有效磷含量提高到了高水平；水稻、雷竹、芦笋有效磷仍显著高于富磷区域阈值上限（图4-8）。

五、土壤速效钾含量

项目实施区内土壤速效钾含量相比于项目实施前（2020年）和2021年提升显著，中等以上水平（＞80 mg/kg）占比提高到了89%（图4-9），且不同作物种植区速效钾含量差异极大，雷竹、芦笋、甘薯和葡萄种植区速效钾含量远高于高水平下限（150 mg/kg）；水稻种植区含量处于较高水平（图4-10）。

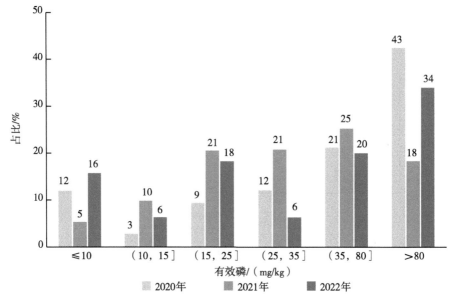

图 4-7 项目区 2020—2022 年土壤有效磷分布对比

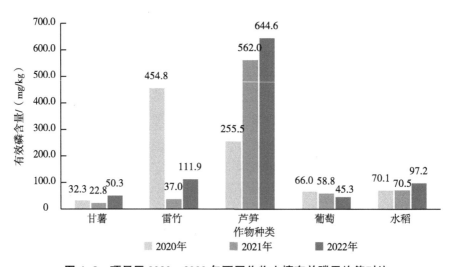

图 4-8 项目区 2020—2022 年不同作物土壤有效磷平均值对比

六、酸化成因分析

土壤酸化是一个受自然和人为双重影响的结果，浙江省降水多在 6—7 月，降水量大而且集中，雨水淋溶作用强烈，易造成钙、镁、钾等碱性盐基

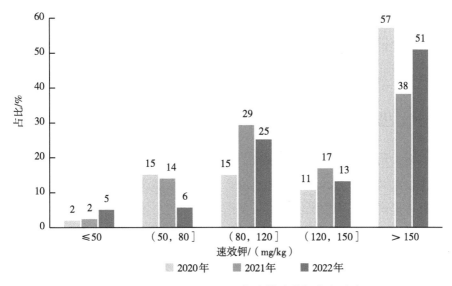

图 4-9 项目区 2020—2022 年土壤速效钾分布对比

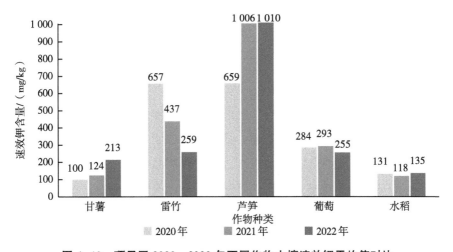

图 4-10 项目区 2020—2022 年不同作物土壤速效钾平均值对比

大量流失，这是造成黄红壤土壤酸化的根本原因，即此类成土母质发育的土壤本底酸化重；水稻土壤酸化的原因主要是轻视有机肥投入；大棚葡萄、芦笋和蔬菜等由于追求高产出偏施化肥加剧了土壤酸化。此外，近几十年来工业化发展迅速，酸性气体的大量排放所带来的酸性沉降物（酸雨）对环境的影响不断增加，造成灌溉水酸化，也是造成土壤酸化的原因之一。

第五节　存在主要问题与对策建议

一、机制层面

土壤酸化治理周期长、见效慢，全社会对治理酸化土壤的重要性认识程度不一，尤其基层县、乡、村和小农户对酸化土壤认知、酸化土壤治理接受程度有待提高。一是建议优先支持新型农业生产主体规模化开展土壤酸化治理，使小农户看到酸化治理带来实实在在的好处，以"大户带小户"方式引领酸化治理。二是加快政府由单纯购买物资向购买物资+服务的转变，加快服务机制创新。如加快培育土壤酸化治理相关的统测、统配、统施等多环节托管及全程托管服务组织，高效有序推动酸化治理工作。三是进一步加强宣传引导，普及农户酸化治理相关知识，增强广大农民自觉参与酸化治理积极性，逐步构建部、省、市、县、乡以及农户协同推进的工作格局。

二、技术层面

土壤酸化成因复杂，酸化治理效果因土壤调理剂种类、土壤类型、治理周期等多重因素影响存在较大差异，治理效果持续性和稳定性需要进一步试验、监测与评价。建议加大财政投入，支持开展酸化治理技术研究，加强技术储备。一是加强土壤酸化的机理研究，摸清土壤酸化成因，做好土壤酸化源头防治与进程控制。二是加强省"三农九方"等相关科研部门科技协作，设立专项课题予以重点研究，共同探索土壤酸化治理的新材料、新方法、新模式。三是开展酸化治理长期定位监测与试验，监测与评价不同土壤调理剂的酸化治理效果，以及采取相应的配套技术措施，提升土壤酸化治理的长效性。

三、工作层面

土壤酸化治理工作具有较强的周期性特点并受到农时限制，不同实施区域、实施作物与采取的技术模式不尽相同，存在跨年度实施情况，项目实施进度存在差异。建议将项目进度、资金下拨、方案下达时间与生产实际周期吻合，为项目顺利实施提供保障。同时，酸化土壤治理区域面广量大，涉及作物多，投入品多，工作量大，基层技术人员力量薄弱，酸化治理技术水平不高。建议进一步加强基层技术人员的培训力度，提高专业技能。

第 五 章

酸化耕地治理主要做法

为深入贯彻落实习近平总书记关于"农田就是农田，而且必须是良田"的重要指示精神，以解决耕地土壤酸、瘦、板、黏等问题为导向，以缓解土壤酸化进程、提升耕地地力、推进耕地可持续利用为目标，在农业农村部大力支持下，2020—2022 年，在杭州市临安区、乐清市、长兴县、浦江县 4 个县（市、区）开展为期 3 年的土壤酸化治理试点县建设，落实酸化耕地治理试验示范，集成推广酸化耕地综合治理技术模式，取得了较好成效。

第一节　酸化退化耕地治理技术模式

一、治理技术模式

（一）技术模式概要

以解决土壤酸、瘦、板、黏等问题为导向，应用土壤调理剂、炭基肥、有机肥等开展土壤酸化预防、阻控和治理试验示范，集成推广"土壤调理剂（石灰类物质）+有机肥（商品有机肥、绿肥、秸秆还田）+X（配方肥）"的酸化耕地治理综合技术模式，多途径缓解、全方位遏制耕地酸化进程，提高土壤 pH 值和耕地质量水平。

（二）补助环节与金额

2020—2022 年，酸化耕地治理项目中央资金总额度为 4 914 万元，其中 2020 年、2021 年、2022 年资金额度分别为 1 500 万元、1 500 万元、1 914 万元。补助资金主要用于支付土壤调理剂、有机肥等物化补助和专业化服务、项目监测及效果评估、技术培训、标识牌制作、宣传展示等费用。

（三）酸化治理效果

从监测结果看，项目实施区域土壤 pH 值由项目实施前的 5.03 提高到 5.97。当前土壤 pH 值介于 4.28~7.71，其中 pH 值≤4.5 的强酸性土壤占 2%，相比项目实施前减少了 21%；4.5＜pH 值≤5.5 的酸性土壤占 42%，相比项目实施前减少了 8%；pH 值＞5.5 的土壤占比相比项目实施前提高了 29%。耕地质量等级平均值从实施前 4.26 等提升至 3.64 等，其中一至三等的面积 8.24 万亩，占总面积的 54.6%，比 2020 年提升了 10.2%。

二、工作机制

（一）构建工作保障机制

一是强化考核管理。坚持高位推动、高质量推进，将酸化耕地治理项目实施情况纳入省政府年度重点工作，实施月调度机制，确保各项工作正常推进、按期完成；发挥好考核指挥棒作用，将酸化耕地治理项目落实情况纳入粮食安全考核、耕保责任制考核，以考核促发展，激励鞭策各级部门压实责任，传导压力，确保工作措施落地见效。

二是强化组织领导。加强酸化耕地治理工作的组织领导，成立领导小组，发挥牵头抓总作用；明确工作职责，压紧压实工作责任，切实保障项目落地落实落细。每年组织召开酸化耕地治理工作推进会，交流工作进展、部署重点工作，督促项目县农业农村局承担项目管理的主体责任。

三是规范工作流程。省级层面及时下达项目资金、工作任务清单，制定上报实施方案；项目县因地制宜制定项目方案，遴选实施区域、科学布置示范区、试验与监测点，优选物资与技术服务。项目实施过程严格执行遴选公示制度、物资招标制度、项目审计制度、绩效评价制度等工作程序和监督约束机制。

（二）完善技术保障体系

一是强化试验示范和技术集成。联合浙江大学、浙江省农业科学院、浙江农林大学等科研院校多方力量开展酸化治理关键技术攻关，共建试验示范 63 个，探索酸化治理技术新模式、新途径、新产品。开展"防酸治酸、提升地力"核心技术联合攻关，在粮食作物、蔬菜瓜果类、茶叶等作物上集成酸化治理、地力培肥于一体的综合治酸模式 5 套，累计建成千亩以上治理核心区 30 个。

二是强化专家指导和技术培训。组建酸化治理工作专家指导组，构建专家包片联系制度，指导方案编制、试验示范、效果监测等工作。项目推进关键时期，组织专家及技术骨干深入田间地头开展酸化耕地治理技术指导，打通技术落地"最后一公里"。以现场观摩会、技术培训会等形式邀请专家开展酸化治理专项培训，提高酸化耕地治理、耕地质量提升技术水平。

三是强化监测评价和效果评估。把效果监测和专项评价作为重要工作内容纳入项目实施方案，并在资金的主要投向上予以明确支持。项目县按1 000亩实施区域采集1个土样（混合样）的要求，开展项目实施前后土样采集、检测，从耕地立地条件、剖面构型、耕层理化性状、养分状况和土壤健康状况等方面进行耕地质量等级评价，形成酸化耕地治理专项评价报告。

（三）强化工作举措创新

一是创新工作载体。在全国层面率先启动"土壤健康"行动，会同科技厅等5部门联合制定《土壤健康行动实施意见》，明确今后一个时期耕地质量建设总体目标、重点工作和推进机制；以土壤健康行动为统领，积极争取省财政支持，建设省级酸化耕地治理项目县5个，酸化耕地治理实施面积5万亩，以酸化耕地治理"小切口"撬动土壤健康培育"大文章"。

二是迭代技术模式。调动科研部门在技术研发上的支撑作用，联合浙江大学等高校创新成立土壤健康技术联盟，开展关键核心、重大前沿技术研发与示范推广，集成推广土壤酸化预防、阻控和治理相结合的技术模式，调节土壤酸度，遏制土壤酸化进程，加快酸化治理关键核心技术落地，扩大成果应用范围。

三是优化采购方式。结合项目实施需求扩大采购范围，由单一的购买物资向购买"物资+服务"、购买"技术服务"转变，进一步提高资金效能。其中，浦江县通过招投标购买社会化服务，由果业协会葡萄分会的理事组成施肥专业服务队，负责统配统施有机肥和土壤调理剂等田间作业；杭州市临安区通过招投标择优选择技术力量较强、酸化治理经验丰富的单位，签订技术服务合同，中标单位组建专家团队，确保酸化治理技术的服务质量。

四是改进服务模式。将酸化治理工作列为年度工作重点，建立站领导与职能科室协同联系11个区市的分片联系指导制度，形成各业务科室齐抓共管、协同推进的良好局面；依托"我帮农民建良田"等活动扩建示范样板、集成技术模式，切实解决土壤酸化、地力瘠薄等耕地"急难愁盼"问题；借助"三联三送三落实"活动开展酸化耕地治理、技术咨询、业务指导等工作，高质量、高标准、高效率推进酸化治理工作。

三、资金监管情况

项目资金严格按照《财政部　农业农村部关于修订印发农业相关转移支付资金管理办法的通知》等相关文件精神，全面实行"大专项+任务清单"管理方式规范使用资金，省级强化项目指导服务与资金监管，各地严格实行专账管理、专款专用、独立核算的财务管理原则，采取公开招标、购买服务、专家评审、公示公告等项目管理机制，项目资金无挤占、挪用串用、截留等违纪违规现象。

第二节　酸化退化耕地治理应用效果

一、酸化耕地治理成效显著

一是土壤酸度降低。酸化耕地治理项目实施区域土壤 pH 值由项目实施前的 5.03 提高到 5.97，超额完成"土壤 pH 值平均增加了 0.5 个单位"目标任务。二是耕地质量提升。酸化耕地治理区耕地质量等级平均值从实施前的 4.26 等提升至 3.64 等、提升了 0.62 个等级，超额完成了"耕地质量提升了 0.5 个等级"的任务要求。三是粮食安全保供。酸化治理实施区域水稻亩均增产 6.80%～13.61%，亩均增收 100～200 元；甘薯增产 15%，亩均增收 345 元。酸化治理技术还有效阻控了 Cd 向水稻转移，降低了稻米 Cd 含量，实现了受污染耕地安全利用。

二、技术模式持续迭代升级

突破传统单纯依靠施用生石灰治理酸化土壤的技术模式，统筹酸化治理和耕地质量提升，大力推广土壤调理剂、生物炭、有机肥+石灰等综合治理模式；综合考虑酸化程度和作物种植种类，分作物集成酸化耕地治理技术模式；集成酸化耕地综合治理技术模式 5 套，累计建设酸化耕地治理千亩以上集中连片综合治理试点核心区 30 个，其中粮食作物 17 个，芦笋、葡萄、茶叶、雷竹等作物 13 个，初步构建了切实有效、适宜推广的酸化综合治理技术模式体系。

三、用地养地理念深入人心

以国家酸化耕地治理项目为依托，建立酸化耕地治理千亩示范区 30 个，召开省级酸化耕地治理现场观摩会、技术培训会 2 次，市级酸化耕地治理技术培训会 24 次，培训人员 2 545 人次，项目惠及人口 2 916 户、新型经营主体 1 713 个。项目实施典型经验、技术模式，主要做法在农民日报、浙江新闻等媒介上广泛宣传，营造了酸化耕地治理、耕地质量提升的良好社会氛围。从面上调查情况看，农民普遍认可现行推广的技术模式，也逐步认识到酸化治理的重要性，耕地保护意识进一步增强，规模种植主体自觉应用治酸技术的可能性高于分散经营的农户。

第 六 章

酸化耕地治理主推
技术模式

第一节　南方红壤区酸化稻田治理与综合培肥技术模式

一、解决的主要问题

我国南方红壤面积约 5.7×10^5 km²，水、热、光资源丰富，有着巨大的农业生产潜力。水稻种植是我国南方红壤区最重要的生产活动。然而，由于稻田复种指数高、长期不合理施肥和缺乏有机物料投入，加上红壤自身发育程度高和淋溶作用强烈，红壤酸化已经成为水稻生产的重要限制因子，并且伴随有土壤有机质含量低、养分匮乏，土壤生物学性质差等现象发生，导致该区中低产稻田比例高，土壤有机碳库容贫瘠，缓冲能力低等问题，严重阻碍了稻田生产力和农业可持续发展。因此，针对南方酸化稻田治理，其核心是控制化肥投入，降低土壤酸度，提高有机质含量和酸缓冲性能。

二、技术原理

利用农闲期进行土壤酸化治理，稳步提高土壤 pH 值，提升土壤稳定性有机质含量，降低土壤潜性酸，提升土壤缓冲容量，提高肥料利用率，促进作物增产稳产。

主要技术路径：①筛选和研发高效、绿色、适用性强的新型酸性土壤改良剂产品（富含钙镁硅的矿物调理剂、富含腐植酸的有机调理剂），根据土壤本底 pH 值和地力水平，精准降低土壤酸度。②综合采取秸秆粉碎还田、有机肥替代、绿肥种植等措施，培肥土壤，提高土壤酸缓冲容量，促进土壤降酸固碳培肥。③推广应用化肥定额制配套技术，推广新型配方肥（缓控释肥）、侧深施肥等配套措施，减少氮肥投入，提高作物养分利用率，阻控土壤酸化。

三、适用范围

针对南方红壤区酸化（pH 值 < 5.5）、有机质含量低（低于 2%）的稻田。

四、操作要点

以一年为一个耕作周期，根据土壤本底 pH 值和地力水平，于闲田期添加一定量的适宜的土壤改良剂，结合秸秆粉碎还田或配合有机肥施用改良土壤，根据不同耕作制度合理施用化肥。具体操作步骤如下。

（一）调研稻田土壤酸度和肥力状况

调研稻田土壤酸化特征，摸清本底 pH 值和肥力状况，为降酸和培肥提供基础数据（图 6-1）。

图 6-1　农户施肥与取土调研

（二）确定土壤改良剂的类型和用量

根据目标土壤类型、有机质含量、土壤初始酸碱度和土壤目标酸碱度等指标，利用已建立的相关土壤酸化物料投入模型（图 6-2），确定相关土壤改良剂的种类和适宜用量。

（三）水稻种植前撒施改良剂

在种植水稻前 1 周，根据前期本底 pH 值和肥力状况数据，施用石灰质材料或矿物源、有机源调理剂（石灰质材料或矿物源调理剂 60～120 kg/亩；含腐植酸土壤调理剂 100～300 kg/亩），可配合施用一定量（200～500 kg/亩）的有机肥。可采用机械撒施或人工撒施，使改良剂均匀分布在田面（图 6-3）。

（四）改良剂翻耕入土

采用机械翻耕，将改良剂与表层土壤（0～15 cm）充分混匀、搁置 1 周

图 6-2　酸化土壤改良碱性物料投入模型

图 6-3　改良剂机械与人工撒施

左右再行基肥施用与秧苗移栽（图 6-4）。

（五）水稻种植与水肥管理

水稻播种、施肥及田间管理与常规耕种方式相同。根据浙江省主要农作

图 6-4 改良剂机械翻耕作业

物化肥定额制推荐用量,合理控制肥料投入量,化肥总养分投入不高于 26 kg/亩。宜采用缓释性配方肥料,在水稻生长的分蘖期至齐穗期分 2 次撒施,提高肥料利用率。

(六) 秸秆粉碎还田

水稻收获季采用机械收割机,将秸秆粉碎还田(图 6-5)。

图 6-5 机械收割作业与秸秆粉碎还田

(七) 注意事项

改良剂施用应选择闲田期或作物收获后进行;碱性改良剂应避免与化肥,特别是氮肥同时施用造成氮素损失。改良剂应与土壤充分混匀,应搁置 1 周后再行施肥与播种。

五、推广面积、区域和取得成效

在农业农村部的项目支持下,该技术自 2018 年开始在浙江省杭州市临安区、富阳区、长兴县、浦江县和龙游县等酸化耕地治理县开展推广应用，4 年间累计应用面积 50 余万亩。该技术可使土壤 pH 值提高 0.5 个单位以上，土壤有机质平均增加 2 g/kg，减施化肥 10% 以上，水稻产量增加 10% 以上，取得了降酸、培肥、减氮、增效的效果，连续 3 年召开全省土壤酸化治理技术现场会；2022 年，浙江省农业农村厅、浙江省财政厅联合启动实施酸化土壤治理示范项目，向全省推广应用该技术。

六、典型案例分析

案例 1：杭州市临安区地处浙江省西北部天目山区，属于亚热带季风气候。临安区内分布面积最大的地带性土壤为红壤土类，以酸、瘦、黏为其主要特征，有机质含量普遍较低，阳离子交换能力弱。前期调研结果显示，临安区土壤总体酸性较重，绝大多数土壤 pH 值都在 6.5 以下。长期不合理施肥和缺乏有机物料投入导致土壤有机质含量进一步降低，土壤酸化程度加剧，土壤结构和生物学性质恶化。为解决上述问题，促进耕地的可持续利用，临安区自 2010 年开始研究和推广耕地土壤酸化改良与沃土技术，通过石灰质土壤改良剂施用，配合秸秆还田与有机肥替代化肥，严格控制化肥投入，使治理区稻田土壤 pH 值稳定在 6.5 以上，土壤有机质平均增加 2 g/kg，水稻产量平均增加 12%。

案例 2：金华市浦江县黄宅镇上山村，作为上山文化的发源地，水稻种植达万年之久，但是由于长期施用化肥过量和有机肥投入不足，导致该地土壤酸化，有机质含量较低（示范基地酸化严重的土壤 pH 值为 5.4，有机质含量仅 1.9%，甬优 15 品种产量 430 kg/亩）。根据当地的这两个土壤主要产量限制因子，自 2020 年以来，通过施用自主研发的含腐植酸土壤改良剂，合理控制化肥投入，达到了调酸与培肥的同步进行，治理区稻田土壤 pH 值稳定提升平均 0.5 个单位以上，土壤有机质平均增加 1.3 g/kg，水稻产量平均增加 10%（图 6-6）。

七、效益分析

（一）经济效益

以单季稻种植、一年内施用一次改良剂为例。改良剂、有机肥和撒施费

图 6-6 含腐植酸土壤调理剂施用

成本每亩增加 284 元（表 6-1），但水稻产量每亩提高 90 kg，以 4 元/kg 稻米价格计算，每亩提高经济效益 76 元（表 6-2）。

表 6-1 土壤改良剂等施用成本分析 单位：元/亩

项目	传统模式	土壤改良模式	成本增减
改良剂	0	104	104
有机肥	0	120	120
撒施费	0	80	80
翻耕	120	120	0
化肥	200	180	−20
合计	320	604	284

注：土壤调理剂等改良剂 1 300 元/t，撒施量按平均 80 kg/亩计算；有机肥 600 元/t，施用量按 200 kg/亩计算；化肥按常规复合肥 5 000 元/t，每亩施用 40 kg 计算。

表 6-2 种植效益分析

项目	传统模式/（kg/亩）	土壤改良模式/（kg/亩）	同比增产/（kg/亩）	新增收益/（元/亩）	总新增经济效益/（元/亩）
产量	560	650	90	360	76

（二）生态效益

通过该技术实施，有效提升了实施区酸化稻田地力，改善了耕地质量，使酸化治理区土壤 pH 值提高 0.5 个单位以上，土壤有机质显著上升，减施化肥 10% 以上，显著提高了土壤微生物活性和养分利用率。该技术提升了南方酸化稻田有机质含量，有效提高了耕地等级，降低了农业面源污染风险，在促进稻田土壤碳汇功能方面发挥了重要作用。

（三）社会效益

通过该项技术示范、培训、推广，提高了实施区种植户酸化土壤治理、科学施肥技术水平，增强了地力培肥意识，促进了测土配方施肥技术完善和推广应用，增强了土肥技术人员和基层镇街农技员的为农服务意识、生态农业意识，为农服务水平进一步提高。建立"生产+科研+企业+基地"农业技术推广新机制，加快技术更新，促进企业新产品开发应用，以及地力提升技术的推广应用，达到节约能源和减少农业面源污染治理，实现生产、生活、生态三者和谐统一。

第二节　酸化稻田石灰+深翻耕治酸耕层扩增技术模式

一、主要解决问题

以青紫塥黏田为主的粮食主产区，稻田土壤质地黏重，土壤易板结。种植制度以冬闲—早稻—晚稻为主，长期稻—稻连茬种植，耕层变浅，加上酸雨和高强度施肥，土壤酸化严重，土壤 pH 值在 4.5~5.5，土壤酸化导致土壤养分有效性下降、肥力降低、土壤板结加剧、重金属活性增强；土壤酸化和土体滞水导致农作物病虫害频发。该技术模式以石灰为主的土壤改良剂治理土壤酸化，促进养分增效与重金属降活，结合深翻耕扩增耕作层，消减土壤板结。解决青紫塥黏田存在的土壤酸化、耕层浅薄、土壤板结和病虫害频发等问题。

二、技术原理

稻田酸化主要是过量施用氮肥和高强度农业利用引发的。通过减少氮肥施用量以降低外源质子（H^+）进入土壤数量，从根源上阻控或减缓土壤酸化；对酸化的稻田采用以石灰性物质为主，硅钙镁型碱性肥料和生物矿物为辅的治酸增钙技术，利用石灰或硅钙镁型碱性肥料降酸，补充土壤酸化导致的土壤矿质营养淋失，土壤缺乏钙镁等中量营养元素和土壤板结问题；结合深翻耕促进调理剂与土壤充分融合，促进调理剂增效，扩增耕作层，消减土壤板结，平衡中微量元素营养和控制土传病害等多功能。该模式将酸化稻田"控源、阻控、增效"技术集成为稻田酸化治理综合技术。

三、适用范围

质地黏重的酸化稻田。

四、操作要点

（一）石灰或硅钙镁型碱性肥料施用技术

治理土壤酸性所需的石灰性物质精准定量。施用改良剂将酸性土壤 pH 值提高到 5.5~6.0 是比较经济和可行的。将 pH 值 6.0 作为酸化土壤改良的目标值估算土壤石灰需要量。根据土壤质地采用缓冲曲线法确定不同 pH 值稻田的石灰或硅钙镁钾肥用量范围为 75~150 kg/亩。在冬闲时段撒施石灰，利用拖拉机或旋耕机等农机具，通过加挂石灰斗的方式进行机械化撒施，石灰斗下开启漏肥缝隙，漏肥缝隙由轴承控制，轴承和车速协调放出石灰，按照确定的用量均匀撒施在土表（图6-7）。

图6-7 酸化稻田拖拉机加挂石灰斗机械撒施石灰

（二）深翻耕技术

深翻耕（旋耕）土壤耕作层，选择晴朗天气，利用拖拉机或旋耕机将撒施在土壤表层的石灰经过拖拉机的旋耕与耕作层土层（0～16 cm）混匀，翻耕土壤耕作层的同时，让石灰翻入心土层。土壤翻耕后，冬季晒土，冻死病菌和虫卵，冻融交替改善土壤结构，增加孔隙度，增加速效养分，消除土壤板结（图6-8）。

图6-8　旋耕机深翻耕作业

（三）减量增效施肥技术

早稻插秧前施基肥，亩施配方肥（N-P-K为13-5-7）40 kg，水稻返青后利用无人机追施尿素4 kg/亩（图6-9）。

图6-9　无人机追肥作业

五、应用面积、区域和取得成效

该模式作为乐清市酸化耕地治理的主要模式，已应用30 602亩。实施区主要分布在淡溪镇、虹桥镇、石帆街道、天成街道、城东街道、白石街道、柳市镇、北白象镇等乡镇（街道）。土壤酸化治理技术均能提高水稻产量，水稻增产幅度为 6.8%~13.61%。

六、效益分析

（一）经济效益

模式实施区水稻平均亩产量可增加 35~50 kg，亩增效 100~200 元。化肥施用量比常规施肥减少 10%~15%。农民反映，实施石灰+深翻耕治酸扩增耕层技术稻田，水稻病虫害明显减少，减少农药使用次数 1~2 次，节约成本 30~50 元/亩。

（二）社会效益

该技术模式可提高实施区农业生产水平，提高农民种粮积极性，保障粮食安全和促进农业增效、农民增收，符合藏粮于地、藏粮于技战略；提高耕地地力，增加土壤速效养分，降低土壤酸度，基本消除或消减耕地土壤酸化和板结，有效提高耕地质量。实施区土壤 pH 值提高 0.4~1.0 个单位，交换性酸总量降低 42%~80%，交换性 H^+ 含量降低 35%~47%，交换性 Al^{3+} 降低 44%~90%，耕地地力提升 0.5 个等级，耕地耕作性、宜种性得到显著改善，提高了耕地的综合生产能力。

（三）生态效益

实施区降低了化肥和农药的施用量，减少了农业活动对环境的影响。对重金属污染耕地，酸化治理技术不但有效阻控土壤酸化，且有效控制土壤中 Cd 向水稻转移，降低稻米 Cd 含量。对重金属轻度污染耕地，采用该模式可实现稻米 Cd 含量达标，实现受污染耕地水稻安全生产。

第三节 丘陵红壤甘薯地酸化治理与综合培肥技术模式

一、解决的主要问题

南方丘陵红壤发育程度高、立地条件差、淋溶作用强，导致土壤酸化程度高、有机质含量低、水肥蓄纳功能弱，限制了丘陵红壤的农业生产力。天目小香薯是浙江省杭州市临安区的特色农产品，近年来随着小香薯复种指数、施肥量和经营强度的增大，土壤酸化程度明显加剧，影响了小香薯的产量和品质。该技术模式旨在改善丘陵红壤土壤酸化和土壤结构状况，提升土壤肥力，促进南方丘陵山地甘薯产业的持续发展。

二、技术原理

利用农闲期进行土壤酸化治理，采用"阻""培""调"多方面手段进行联合治理，以碱性材料治理与有机质提升和土壤质地控制相结合技术，稳步提高丘陵红壤 pH 值，降低土壤潜在酸度，提高养分生物有效性，增加土壤有机质含量，改善土壤结构和稳定性。

主要技术路径：①筛选和研发高效、绿色、适用性强的新型酸性土壤改良剂产品，如富含钙镁硅的矿物调理剂（CaO ≥ 20.0%，MgO ≥ 5.0%，SiO_2 ≥ 20.0%，pH 值为 10.0~12.0，主要功效为中和土壤酸性、补充钙镁含量、提高盐基饱和度等）、富含腐植酸的有机调理剂（有机质 ≥ 20.0%，CaO ≥ 15.0%，MgO ≥ 8.0%，pH 值为 9~11，主要功效为中和土壤酸性、补充钙镁含量、提高有机质和保肥作用等），根据土壤本底 pH 值和地力水平，精准降低土壤酸度。②结合有机肥、菜籽饼、草木灰等农家肥施用，在土地翻整过程中施入土壤作为底肥，提高土壤有机质含量，促进土壤团聚体形成和稳定。

三、适用范围

针对酸化（土壤 pH 值＜5.5）、有机质含量低（＜20 g/kg）的南方丘陵红壤。

四、操作要点

以一年为一个耕作周期，根据土壤本底 pH 值和地力水平，于闲田期添加一定量的适宜的土壤改良剂，结合有机肥、菜籽饼、草木灰等农家肥施用改良土壤，合理施用化肥。具体操作步骤如下。

（一）调研丘陵红壤酸度和肥力状况

调研丘陵红壤酸化特征，摸清本底 pH 值、肥力和土壤结构状况，为降酸和培肥提供基础数据（图 6-10）。

图 6-10　农户施肥与取土调研

（二）确定土壤改良剂的类型和用量

根据目标土壤类型、有机质含量、土壤初始酸碱度和土壤目标酸碱度等指标，确定相关土壤改良剂的种类和适宜用量。

（三）甘薯种植前撒施改良剂

根据前期本底 pH 值和肥力状况数据，施用矿物源、有机源调理剂（本底 pH 值<4.5 时，施用富含钙镁硅的矿物调理剂 40~60 kg/亩或者富含腐植酸土壤调理剂 50~80 kg/亩；pH 值为 4.5~5.5 时，施用富含钙镁硅的矿物调理剂 30~50 kg/亩或者富含腐植酸土壤调理剂 40~60 kg/亩），可配合施用一定量（300~500 kg/亩）有机肥、菜籽饼、草木灰等农家肥。采用人工撒施，使改良剂均匀分布在田面（图 6-11）。

（四）改良剂翻耕入土

采用机械翻耕，将改良剂与表层土壤（0~15 cm）充分混匀、搁置 1 周左右再施基肥并移栽甘薯苗（图 6-12）。之后进行机械开沟和起垄。

图 6-11　改良剂人工撒施

图 6-12　改良剂机械翻耕作业

（五）甘薯种植管理

甘薯苗移栽、施肥及田间管理与常规方式相同。根据浙江省主要农作物化肥定额制推荐用量，合理控制肥料投入量，化肥总养分投入 10~20 kg/亩。优先选用富钾型缓释肥、配方肥，基肥穴施或条施。

（六）注意事项

碱性改良剂应避免与化肥，特别是氮肥同时施用造成氮素损失。改良剂应与土壤充分混匀，应搁置 1 周后再行播种与施肥。施肥量不宜过高，保持通排水良好，防止淹水。

五、推广面积、区域和取得成效

在农业农村部的项目支持下，该技术自 2018 年开始在浙江省杭州市临安区酸化耕地治理县开展推广应用，4 年间累计应用面积 10 万余亩。该技术可使土壤 pH 值提高 0.4~0.8 个单位、土壤有机质平均增加 1.2 g/kg，减施化肥 10% 以上，甘薯产量增加 15% 以上。

六、效益分析

（一）经济效益

以每年种植一季甘薯、一年内施用一次改良剂为例。改良剂、有机肥和撒施费成本每亩增加 255 元（表 6-3），但甘薯产量每亩提高 300 kg，以甘薯价格每千克 2 元计算，每亩提高经济效益 345 元（表 6-4）。

表 6-3　土壤改良剂等施用成本分析　　　　　　　　　　单位：元/亩

项目	传统模式	该模式	成本增减
改良剂	0	65	65
有机肥	0	120	120
撒施费	0	80	80
翻耕	120	120	0
化肥	100	90	-10
合计	220	475	255

注：土壤调理剂等改良剂 1 300 元/t，撒施量按平均 50 kg/亩计算；有机肥 600 元/t，施用量按 200 kg/亩计算；化肥按常规复合肥 5 000 元/t，每亩施用 20 kg 计算。

表 6-4　种植效益分析

项目	传统模式/（kg/亩）	该模式/（kg/亩）	同比增产/（kg/亩）	新增收益/（元/亩）	总新增经济效益/（元/亩）
产量	1 300	1 600	300	600	345

（二）生态效益

通过该技术实施，有效提升了实施区酸化丘陵红壤地力，改善了耕地质量，降低了肥料用量，显著提高了甘薯产量。该技术提升了丘陵红壤有机质含量，改善了土壤结构和土壤团聚体稳定性，降低了水土流失和养分径流流失风险，并在促进丘陵红壤水土保持方面发挥了重要作用。

（三）社会效益

通过该项技术培训、示范，提高了丘陵红壤甘薯种植户科学施肥技术水平，增强了酸化改良与地力培肥意识，促进了化肥定额制施用技术完善和推广应用，增强了土肥技术人员和基层镇街农技员的为农服务意识和生态农业意识。建立"生产+科研+企业+基地"农业技术推广新机制，加快技术更新，促进企业新产品开发应用，以及地力提升技术的推广应用。达到节约能源和减少农业面源污染治理，实现生产、生活、生态三者和谐统一。

第四节　红壤坡耕地土壤酸化防治与耕层快速熟化技术模式

一、解决的主要问题

新垦耕地多为红壤坡地，主要土壤类型为红黄壤，存在耕层浅薄，土壤酸化，土壤 pH 值为 4.0~5.5，有机质和养分含量低、质地黏重或砂性强、土壤结构不良等障碍因素，生产力低下问题突出。红壤坡耕地多以旱粮、水果等为主，产量低甚至无法正常生产，水果品质差，导致种植效益差，对保障耕地资源有效利用、粮食安全和生态环境构成巨大的挑战。针对红壤坡耕地存在的主要障碍问题，通过施用有机物、土壤调理剂、磷肥等来消减土壤酸化、有机质含量低下、土壤结构差和有效养分不足等问题。该技术已在红壤坡地旱粮、枇杷、柑橘等作物推广应用 9 300 多亩，取得了良好的应用效果。

二、技术原理

该技术主要针对红壤坡耕地存在的土壤障碍因素，以土壤酸化消减、有机质和养分库增容及耕层快速熟化构建技术为核心，通过施入大量商品有机肥、生物有机肥等有机物料增加耕层厚度和土壤有机质与养分含量；通过碱性土壤调理剂，提高土壤 pH 值、降低土壤潜性酸、消除土壤铝毒障碍；增施磷肥，调控土壤养分平衡。综合技术应用有效提高了土壤有机质和水养分库容，消减土壤酸化和物理结构障碍，改善土壤理化和生物学性质，快速培育熟化耕层，提高土壤宜种性，促进作物增产。

三、适用范围

红壤坡耕地旱粮、水果。

四、操作要点

红壤坡耕地新垦耕地旱粮作物，一次性施入商品有机肥 2 000 kg/亩，将有机肥均匀撒在土壤表面。

红壤坡耕地新垦耕地旱粮作物，根据酸化程度，将 100~150 kg/亩石灰或硅钙钾镁肥或矿物源土壤调理剂（以钾长石、白云石、石灰石、牡蛎壳等为主要成分）均匀撒在土壤表面。机械翻耕土壤深度 15~20 cm，将有机肥和调理剂与土壤充分混匀。

水果（柑橘、枇杷、杨梅、猕猴桃等）选用硅钙钾镁肥或钙质矿物型土壤调理剂，采用果树冠滴水圈外挖沟 20 cm×30 cm 后施用有机肥和土壤调理剂后覆土。土壤改良剂施用量，柑橘硅钙镁钾肥 1 kg/株，土壤调理剂 1.5 kg/株；桃树硅钙镁钾肥 2 kg/株，土壤调理剂 3 kg/株，枇杷硅钙镁钾肥 1 kg/株，土壤调理剂 1.5 kg/株；葡萄硅钙镁钾肥 1 kg/株，土壤调理剂 1.5 kg/株。

根据农作物肥料主推配方，施用基肥 30~40 kg/亩；根据不同水果对各种养分需要量，按照各养分肥料理论施用量，选择肥料养分配比和施用量。

该技术通过有机肥与矿物源土壤调理剂配合施用，可以阻控土壤酸化、消减铝毒、增加有机质含量、改善土壤结构，扩增水养分库，疏松和增厚耕作层，构建了土壤酸化防治与耕层快速熟化技术模式（图6-13）。

五、推广面积、区域和取得成效

该模式已在红黄壤区推广应用 9 600 多亩，作物种类有马铃薯、甘薯等旱粮作物；柑橘、枇杷、杨梅、猕猴桃等水果，应用区域主要分布于白

图6-13　蔬菜土壤酸化治理试验区

石街道、乐街街道、淡溪镇、岭底乡、芙蓉镇、雁荡镇、大荆镇等乡镇（街道）。

六、效益分析

（一）经济效益

通过该技术模式应用，新垦红壤坡耕地实现旱粮稳定生产，马铃薯亩产达 1 800 kg/亩以上，甘薯 3 400 kg/亩以上，水果品质明显改善，农民增产增收效果显著（表6-5）。

表6-5　改良剂对马铃薯和甘薯产量的影响

处理	马铃薯		甘薯	
	产量/（kg/亩）	增产率/%	产量/（kg/亩）	增产率/%
处理1	1 829	—	3 181	—
处理2	1 798	-1.7	3 404	7.0

（续表）

处理	马铃薯		甘薯	
	产量/（kg/亩）	增产率/%	产量/（kg/亩）	增产率/%
处理3	1 877	2.6	3 430	7.8
处理4	1 981	8.3	3 371	6.0

（二）社会效益

新垦红壤坡地耕地存在的土壤障碍因子多、肥力差、难以利用等问题基本得到解决。通过实施该项技术，土壤 pH 值提高 0.3~0.9 个单位，耕作层厚度增至 20 cm 以上，有机质含量提高 10% 以上，耕地地力提高 0.5~1 个等级。该项技术快速提升土壤有机质含量，改善土壤结构，加速土壤熟化，构建良好耕作层，实现了新垦红壤坡地耕地的有效利用，为保障粮食生产和农民收入提供了实用技术。该项技术促进了耕地资源的高效利用，提高耕地生产率和耕地质量，具有很好的社会效益。

（三）生态效益

实施该项技术，有效促进了黄红壤区水土资源保护，显著降低水土流失、改善区域生态环境；为当地提供优质绿色农产品，对振兴乡村、建设美丽田园、保障农产品品质和质量、保证人民健康，具有明显的生态效益。

第五节 浙北地区葡萄避雨栽培"新型土壤改良剂+套种鼠茅草"酸化治理技术模式

一、解决的主要问题

浙北地区水、热、光资源丰富，有着巨大的农业生产潜力，葡萄避雨栽培是该地区重要的农业生产活动。然而，很多果农为追求葡萄生产的高效益，过量施肥和缺乏有机物料投入，造成葡萄避雨栽培地土壤酸化、土壤次生盐渍化和板结现象明显；同时，伴随土壤有机质含量逐渐降低，土壤生物学性质变差等土壤退化现象发生，导致该地区葡萄避雨栽培地土壤有机碳库容贫瘠、缓冲能力低等问题，已阻碍了葡萄产业的高质量可持续发展。因此，针对浙北地区葡萄避雨栽培地酸化治理，"新型土壤改良剂+套种鼠茅草"酸化治理模式其核心是控制化肥投入，降低土壤酸度，提高有机质含量和酸缓冲性能。

二、技术原理

"土壤改良剂+套种鼠茅草"酸化治理模式能显著降低土壤中交换性 H^+、交换性 Al^{3+}、可交换总酸以及交换态 Mn 的含量，提高土壤中阳离子交换量，增强土壤中和酸的能力，同时显著提高土壤中有机质含量，增强土壤培肥能力，从而稳步提高土壤 pH 值、提升土壤稳定性有机质含量，降低土壤潜性酸、提升土壤缓冲容量，提高肥料利用率，促进葡萄避雨栽培的优质高效。

三、适用范围

针对环浙北地区土壤酸化（pH 值＜6.0）、有机质含量低（低于3%）的葡萄避雨栽培地。

四、操作要点

（一）调研葡萄避雨栽培地土壤酸度和肥力状况

调研葡萄避雨栽培地土壤酸化特征，摸清本底 pH 值和肥力状况，为降酸和培肥提供基础数据。

（二）确定土壤改良剂的类型和用量

根据目标土壤类型、有机质含量、土壤初始酸碱度和土壤目标酸碱度等指标，利用已建立的相关土壤酸化物料投入模型，确定相关土壤改良剂的种类和适宜用量。

（三）结合葡萄避雨栽培地秋冬季翻地松土撒施改良剂

根据前期本底 pH 值和肥力状况数据，亩施含腐植酸土壤调理剂 100 ~ 300 kg，配施有机肥 500 ~ 1 000 kg。可采用机械撒施或人工撒施，使改良剂均匀分布在葡萄地。

（四）改良剂翻耕入土，并适时播种鼠茅草

采用机械翻耕，将改良剂与表层土壤（0~15 cm）充分混匀、间隔一定时间后，适时（一般9月中旬至10月底）播种鼠茅草，一般亩用种1 kg，在葡萄地畦面上撒施。

（五）葡萄避雨栽培的水肥管理

该模式下葡萄避雨栽培的水肥管理与常规管理方式相同。但因为种植了鼠茅草，春季可适当补足高氮中钾低磷复合肥。

五、推广面积、区域和取得成效

该技术自2020—2022年开始在长兴县开展推广应用，3年间累计应用面积超过0.5万亩。该技术可使土壤pH值提高0.25个单位以上，土壤有机质平均增加10 g/kg，葡萄品质有较大改善，取得了良好的示范应用效果。

六、效益分析

（一）经济效益

以一年为例。增施改良剂、播种鼠茅草和增加劳动成本，每亩增加成本500元，葡萄产量基本持平，品质有较大改善，但葡萄地不使用除草剂，可节省成本100元/亩，葡萄价格较常规管理平均提高2元/kg，按平均亩产1 300 kg计算，每亩提高经济效益2 200元。

（二）社会效益

通过该项技术培训、示范，提高了实施区葡萄种植户科学施肥技术水平，提高了果农种植效益；建立"生产+科研+企业+基地"农业技术推广新机制，加快技术更新，促进企业新产品开发应用，以及地力提升技术的推广应用。达到节约能源和减少农业面源污染治理，实现生产、生活、生态三者和谐统一。

（三）生态效益

通过该技术实施，增强了地力培肥和绿色生产意识，由于不使用除草

剂，大大减轻了对土壤团粒结构的影响，较好地提升了耕地地力水平，改善了耕地质量，使酸化治理区土壤 pH 值提高 0.25 个单位以上，土壤有机质含量显著上升，减施化肥 10% 以上，显著提高了土壤微生物活性和养分利用率。该技术提升了浙北地区酸化葡萄地有机质含量，降低了农业面源污染风险，并在促进葡萄绿色生产中发挥了重要作用。

第 七 章

酸化耕地治理工作
典型案例

第一节 杭州市临安区多措并举开展土壤酸化治理

杭州市临安区地处浙江省西北部天目山区，属于亚热带季风气候。临安区内主要为红壤，以酸、瘦、黏为其主要特征，有机质含量普遍较低，土壤酸化较重，土壤 pH 值在 6.5 以下面积大。近年来，杭州市临安区以开展酸化耕地治理为契机，因地制宜开展酸化治理试验研究与示范，融合提质、降碳、生态功能提升于一体的土壤健康理念，探索以降酸、扩容、提升土壤生物活性为核心的新型酸化治理技术，多措并举开展土壤酸化治理，集成水稻、甘薯和雷竹等多套可复制推广的酸化治理综合技术模式，累计辐射推广 12 万多亩次，土壤 pH 值平均提高 0.58 个单位，土壤有机质含量提升2.78 g/kg。

一、开展调查，摸清治理底数

项目实施前期，临安区积极开展实地调研，形成《临安耕地质量与配方施肥》调研报告，报告指出强酸性土壤主要在太湖源镇、於潜镇、天目山镇、太阳镇和潜川镇等中部地区分布较为集中。因此，根据"集中连片和重点治理"原则，确定以太湖源镇、天目山镇、於潜镇、太阳镇和潜川镇 5 个乡镇内酸化耕地为重点治理对象。

二、制定方案，协同开展治理

临安区围绕"分类分区治理，工程与农艺相结合、用地与养地相结合，集中连片试点，遏制耕地退化，提升内在质量，实现粮食高产稳产和农业绿色发展"，基于全区耕地酸化状况、成因和作物生产特性，充分考虑农业生产特点，编制并上报了《杭州市临安区 2021 年酸化耕地治理项目实施方案》和《杭州市临安区 2022 年酸化耕地治理项目实施方案》，细化具体任务，明确工作重点和技术措施。加强部门协作联动，积极与财政、生态环境等部门沟通协作，形成工作合力，统筹开展酸化治理工作。

三、明确重点，强化责任义务

突出示范区域，明确以优势产区和核心产业（小甘薯、水稻、雷竹笋）为重点，突出规模经营主体，明确以村经济合作社、专业合作社、家庭农场、农业龙头企业等为龙头，结合其他耕地质量提升项目，带动辐射酸化治理推广工作。明确责任和义务，做到"主体、作物、面积、目标、责任"五落实。

四、加强监管，确保物资到位

严格把控三个"第三方"。一是"第三方"采购。严格物资采购流程，实施过程所需要的土壤调理剂、生石灰、商品有机肥等物资，一律委托代理公司进行公开招投标，组织统一购买。二是"第三方"监管。物资发放总体按照核心示范区重点实施（采取综合措施）、推广区（采取单一措施）的原则，同时结合各实施地块土壤的酸化程度、肥力高低、农户接受程度等因素确定物资发放方案。同时，督促所有实施主体按照项目要求建立登记台账和发放清册，做到收货数量和发货数量一致、保质保量完成物资投放，项目后期还邀请局（中心）纪检、财务部门，联合对项目实施情况开展核查。三是"第三方"检测。委托专业检测机构全程监测土壤治理前、治理后的土壤指标。加强物资的发放、施用、翻耕的监管，委托项目区镇（街道）农办进行全程监管。

五、强化支撑，保障治理成效

采取"请进来"与"走出去"相结合的方式，提高土壤酸化的治理水平。开展区、院校合作，招标组织浙江农林大学为技术支撑单位，指导开展土壤酸化治理技术试验示范、推广应用、模式制定等工作，并参与指导临安雷竹笋退化改造，重点开展生物质炭、钙镁磷肥及石灰对土壤酸化治理的机理作用研究，确保酸化治理项目实施成效。

第二节 温州乐清精心下好"三步棋" 落实耕地酸化治理

一、基本情况

乐清市耕地总面积 28.83 万亩，其中一等地 3.66 万亩，二等地 4.97 万亩，三等地 5.97 万亩，平均耕地质量等级 4.13。据全市耕地土壤调查结果，全市高达 90% 的农田土壤均发生不同程度的酸化现象。与 20 世纪 80 年代第二次土壤普查相比较，耕地土壤平均 pH 值下降 0.5 ~ 1.3 个单位。土壤酸化导致土壤养分有效性下降、肥力降低、土壤板结、重金属活性增强，造成耕地质量下降，甚至影响粮食安全。

2020 年，乐清市列为浙江省酸化耕地治理试点项目县，重点开展酸化耕地治理。全市酸化耕地治理区总面积 40 212 亩，其中水稻土 30 918 亩、红壤 9 294 亩，预计到 2025 年，项目区耕地质量提升 0.5 个等级，酸化耕地土壤 pH 值平均增加 0.5 个单位。目前项目区 pH 值平均提高了 1.18 个单位，水稻增产 35 ~ 50 kg/亩，水稻综合效益增加 100 ~ 200 元/亩，化肥施用量比常规施肥减少 10% ~ 15%。

二、主要做法

(一) 精准施策，下好科学规划"先手棋"

乐清坚持问题导向，基于全市耕地质量的全面排摸情况，明确耕地质量的短板为土壤酸化后，积极向上争取国家酸化治理项目。统筹考虑项目要求和土壤酸化实际情况，科学布点采样，绘制《乐清市酸化耕地空间分布图》，叠加酸化土壤分布图和耕地利用现状，科学谋划治理路径，编制《乐清酸化耕地治理工作实施方案》，划定 4 万余亩酸化耕地治理区，开展分区施策、精准治酸。

(二) 细致服务，下好要素保障"关键棋"

一是强化组织领导。成立市耕地土壤酸化治理工作领导小组，下设办公室负责具体事宜，重点镇（街）根据工作的实际需要，成立相应的工作小组，明确工作职责，强化措施落实。二是严格物资采购。建立千亩耕地酸化治理示范区，强化示范引领；面上项目区严格按照招投标程序采购酸化治理物资，聘请监理机构进行现场监理，确保物资保质保量实施到位。三是加强技术指导。成立耕地土壤酸化治理工作技术指导小组，组织专业技术人员定期开展巡回指导和技术培训，累计举办技术培训班 12 期，培训农户 500 人次，开展"我帮农民建良田"实践活动，建设示范样板 6 个，大大提高了农民用地养地的积极性。

（三）协同发力，下好技术革新"动力棋"

以"酸化治理"小窗口，撬动耕地质量大发展。一是做实"宜机化"改造。突破传统的石灰治酸方法，采用机械代替人工撒施石灰，酸化稻田推进精准定量机械化撒施，实施面积达 3.06 万亩；山区红壤探索宜机化改造，因地、因业制宜，攻坚茶叶、果树等特色产业农机开发，如使用单轨运输机、无人驾驶的农用"小火车"，提高了山区物资运输撒施效率，解决了山区运肥施肥劳动强度大的难题。二是做精"专业化"融合。打通项目之间的壁垒，深化研究土壤与农产品重金属污染对应关系，建立农产品重金属含量预测方程，提出农产品超标高风险区，在消减耕地土壤酸化和板结，提高耕地质量的同时也保障了粮食安全。三是做优"社会化"服务。以一线农业技术人员和农资经营者为主要对象，深入田间地头，开展实地巡回指导，普及土壤健康培育与酸化耕地治理技术知识，树立"用地养地相结合"理念。开展系列宣传报道，充分挖掘推进耕地质量提升典型案例，提升公众耕地保护意识。

三、工作成效

（一）经济效益

酸化耕地治理实施区水稻平均亩产量可增加 35～50 kg，亩增效 100～200 元，化肥施用量比常规施肥减少 10%～15%。新垦红壤坡耕地实现旱粮稳定生产，马铃薯亩产达 1 800 kg/亩以上，甘薯 3 400 kg/亩以上，水果品质明显改善。农民反映，实施石灰+深翻耕治酸扩增耕层技术稻田，水稻病虫害明显减少，减少农药使用 1~2 次，节约成本 30~50 元/亩，增产增收效果显著。

（二）生态效益

降低化肥和农药的施用量，减少了农业活动对环境的影响。对于重金属污染耕地，酸化治理技术不但有效阻控土壤酸化，且有效控制土壤中 Cd 向水稻转移，降低稻米 Cd 含量；对于重金属轻度污染耕地，保障了受污染耕地水稻安全生长，实现稻米 Cd 含量达标。有效促进了黄红壤区水土资源保护，显著降低水土流失、改善区域生态环境，为当地提供优质绿色农产品，对振兴乡村、建设美丽田园、保障农产品品质和质量、保证人民健康，具有明显的生态效益。

（三）社会效益

提高农业生产水平，调动农民种粮积极性，保障粮食安全，促进农业增效、农民增收，落实藏粮于地、藏粮于技战略；提高耕地地力，增加土壤速效养分，降低土壤酸度，基本消除或消减耕地土壤酸化和板结，有效提高耕地质量。基本解决新垦红壤坡地耕地存在的土壤障碍因子多、肥力差、难以利用等问题，实现了新垦红壤坡地耕地的有效利用，为农户种粮和耕地保护提供了实用技术，促进了耕地资源的高效利用，提高耕地生产率和耕地质量，社会效益明显。

（四）模式成效

形成了两套低成本、可复制、已推广技术模式，分别是"稻田石灰+深翻耕治酸扩增耕层"和"红壤坡耕地土壤酸化防治与耕层快速熟化"综合治理技术模式，解决青紫塥黏田存在的土壤酸化、耕层浅薄、土壤板结和病虫害频发等问题，消减土壤酸化和物理结构障碍，改善土壤理化和生物学性质，快速培育熟化耕层，提高土壤宜种性，促进作物增产。

第三节　金华浦江酸化治理全力出击
擦亮"巨峰葡萄"金名片

浦江是著名的"中国巨峰葡萄之乡"，葡萄作为浦江县一张金名片，其品质的保证离不开健康的土壤。在浦江县成为酸化治理试点县前，存在施用化肥不合理、种植模式不科学的现象，造成果园土壤酸化板结问题逐渐凸显。浦江县通过近 3 年的酸化治理，全力出击组合拳，葡萄耕地土壤 pH 平均值较对照提升了 0.59 个单位，葡萄甜度与维生素 C 含量增加，果品品质与商品性有所提高，单价每千克提高 0.2~0.5 元，为促进农民增收作出较大贡献。

一、主要做法

（一）强化组织建设，压实责任落实

成立由县政府分管县长担任组长，农业农村局局长任办公室主任的领导小组，同步成立专家指导组和实施工作组，以农业技术推广中心为主要技术力量，统筹分解任务、加强部门协调、压实各方责任，高质量推进项目落实。

（二）统筹财政资金，加大扶持力度

发挥 1 300 多万元的中央专项资金的引导作用，带动多渠道配套资金投入。撬动地方各级各类配套资金 1 500 多万元，为全面开展酸化治理提供财政保障。

（三）注重指导宣传，提升认可程度

组织县、乡镇、主体三级培训体系，农业主体进一步认识到保护耕地对农业可持续发展的重要性，增强了主动提升耕地质量的意愿。邀请省市专家、技术人员结合"三联三送三服务"活动深入田头开展点对点技术指导服务，确保降酸增效到田到地，有效降低农业投入品使用量和农业面源污染。通过广播、电视、报纸、网络等媒体大力宣传提升耕地质量和农产品品质的"两降两升"效益，项目满意度民调率 100%。

二、主要成效

（一）带动各区耕地土壤降酸提质

连续两年多的耕地酸化治理不仅使葡萄项目区的土壤 pH 值提升 0.59 个

单位，有机质含量较改良前提升 3.5 mg/kg，也带动水稻项目区的土壤 pH 平均值达到 6.032，较改良前提升 0.32 个单位，有机质含量较改良前提升 4.6 mg/kg，连续酸化防治效果显著。

（二）促使"双物"治理体系逐渐完善

在酸化土壤物化治理的基础上，浦江县通过政府购买服务，深入田间指导帮助农户将土壤调理剂、商品有机肥、冬绿肥等物化措施落实到位，通过边看、边学、边掌握的方式，促进农户治土能力"快充式"提升。物化治理+物业化服务的"双物"治理体系有效落地和不断完善，为后续工作提供了重要借鉴。

（三）促进农民增收

水稻田酸化治理模式累计推广面积 3.55 万亩次，核心示范区每亩增产 5%，葡萄田酸化治理模式累计推广面积 8.68 万亩次，核心示范区果品品质与商品性有所提高，节本增效明显，农民对模式接受度较高。

第四节　诸暨市大力开展"我为农民治酸土"促进粮食产量增一成

为巩固深化党史学习教育成果，落实习近平总书记"农田就是农田，而且必须是良田"的重要指示精神，浙江诸暨以省级酸化耕地治理项目为依托，积极扩建示范样板、集成技术模式、协同技术攻关，持续发挥"我帮农民建良田"品牌活动的示范引领作用，切实解决农民群众土壤酸化、地力瘠薄等耕地"急难愁盼"问题。

一、基本概况

诸暨市为浙江传统农业大县，素有"诸暨湖田熟，天下一餐粥"和"鱼米之乡"美誉。第三次全国国土调查成果显示诸暨市耕地面积为 48.62 万亩，划定"三区三线"稳定耕地 46.75 万亩，现已建粮食生产功能区 32.01 万亩。21 世纪以来，曾 5 次获得全国粮食生产先进县（市）称号。

2022 年，全市粮食播种面积 51.72 万亩、总产量 21.58 万 t。目前有规模种粮大户 413 户，常年流转耕地 8.8 万亩。根据近年来取土测土数据成果，全市土壤 pH 值为 5.5 以下的酸性耕地面积占 24.1%，其中种粮大户流转耕地有 35.6% 已酸化。

二、创新做法

（一）应用测土配方成果，精准筛选实施范围

为全面掌握耕地地力状况，指导农户科学施肥，诸暨市自 2018 年起率先在浙江省启动"万家主体"免费测土服务，并隔 3~5 年开展一次轮回取土。结合测土成果，在暨南街道、牌头镇、安华镇选择流转种植较为集中连片的 1 万亩酸化耕地作为实施区，该区土壤 pH 值平均为 5.41（最低为 4.21），均为规模种粮大户承包流转。

（二）遵循政府采购程序，科学选择技术团队

采用公开招标程序，将核心治理区委托给中国水稻研究所，由其负责酸化耕地治理技术协作攻关研究，提出治理技术措施并组织实施，并在 2 处不同土壤类型的农田上开展调理剂、炭基肥、有机肥、微生物菌剂等田间应用试验，研究集成一套适合诸暨市的耕地酸化治理技术模式。

（三）加强多级联动监管，确保物资施用到地

印发《关于要求做好诸暨市 2022 年酸化耕地治理项目实施工作的函》，指导农户配合实施单位，确定物资施用时间，严格按照任务面积开展治理，并在物资施用到田后 10 天内完成翻耕。物资施用过程中，农户与实施单位同步清点物资数量和施用面积，填写《项目实施确认表》，经镇乡（街道）和实施单位签字盖章后上报。

（四）建立县级专家团队，加快技术示范推广

依托"三农九方"技术力量，开展"我为农民建良田"实践活动，通过承担实施浙江省土壤健康培育与酸化耕地治理核心技术攻关项目"基于酸化治理的稻田产能增值研究"，将成熟的酸化耕地治理技术推广应用到实施区外的农田，以遏制耕地土壤酸化，提高诸暨耕地质量整体水平。

三、突出成效

(一) 酸性土壤比重降低，耕地质量提升显著

从实施区土壤 pH 值来看，土壤 pH 值已平均提高 0.29，其中有 8 900 亩农田达到 5.5 以上。根据土壤检测数据，按照《耕地质量等级》（GB/T 33469—2016）、《全国耕地质量等级评价指标体系》进行评价分析，目前实施区耕地质量等级均为 1~3 等，平均质量等级为 2.245，已高于全市和全省水平。

(二) 粮食产量增加显著，酸化治理惠民受益

实施区种植小麦 4 500 亩，从产量来看，已与往年相比增产 12.3%。2023 年 5 月 28 日，新华社用视频和文字报道"浙江诸暨小麦喜开镰，增产 10%"，其中视频拍摄地位于诸暨市暨南街道新南村粮食生产功能区，该区为酸化治理核心区，往年小麦平均亩产不到 350 kg，2023 年平均亩产 395 kg，其中最高田块 428 kg。

第 八 章

酸化耕地治理存在
问题与对策建议

第一节　酸化耕地治理存在问题

一、试点项目实施难点分析

（一）资金支持力度不足

浙江省酸化耕地数量巨大且普遍存在"酸、瘦、板、黏"等多重问题，酸化治理所需资金较大，但地方财政资金扶持有限，大面积补贴推广应用仍存在一定难度。建议进一步加大政策扶持力度，扩大资金规模，充分发挥财政投入的杠杆作用，通过保险、补贴等方式，撬动政策性金融资本投入，多方合力，充分调动生产主体开展酸化耕地治理的积极性和主动性。

（二）项目实施周期过短

酸化耕地治理工作具有较强的周期性特点并受到农时限制，浙江省作物土壤改良、作物施肥多集中在春、夏两季，资金下拨、方案下达较迟导致错失农时，难以完成本年度项目实施任务，导致项目的实施情况无法全面呈现，也给项目承担单位的考核造成较大压力。建议调整项目进度、资金下拨、方案下达时间与生产实际周期吻合，为项目顺利实施提供保障。

（三）数据整合提升不够

酸化耕地治理工作实施 3 年来积累了大量的原始数据，但大部分数据仅停留在数字表面，挖掘和整合力度不够，无法为重大决策提供技术参考和决策依据。下一步，强化基础数据的监测和耕地质量调查评价及田间试验数据的挖掘利用，加快数据成果转化为酸化治理技术模式并进一步延伸至相应治酸产品，推动酸化治理工作提质增效。

二、酸化治理工作形势分析

（一）耕地质量建设"重"数量与"轻"质量矛盾突出

各级政府、有关部门推动耕地质量保护与建设过程中仍旧存在"重数量、轻质量"现象，高标田建设主要注重沟渠路等外在工程建设，对耕地内在质量建设的投入偏少；目前部署开展的"非农化""非粮化"整治、全域土地整治等耕地质量恢复利用任重道远，亟须出台相关政策或法律，加强耕地质量保护与建设支持力度，增强对地方政府耕地质量考核的权重，明确从土地出让金中用于耕地质量建设的资金比例，将用于耕地建设资金从外延向内在质量建设转变，切实夯实保障耕地综合产能的根基。

（二）耕地质量建设耗资"多"与投入"少"矛盾突出

浙江省中低等级（4~10等）耕地面积占总耕地面积的一半以上，普遍存在"酸、瘦、板、黏"等多重问题，加之南方地区淋溶作用强烈，有机质矿化过快，酸化、盐渍化、养分失调等障碍土壤治理技术有待加强研究，且治理周期长、投入不足、见效慢。如此大范围、高难度的耕地质量保护提升工作需要较多资金投入，但当前主要依靠省级财政资金扶持，资金来源单一且额度不大，也易受到地方财政收入不确定性因素影响。

（三）农业生产主体"重"用地"轻"养地矛盾突出

国家出台耕地地力保护政策实施对耕地质量提升的成效不明显。一方面，由于农业生产比较效益较低，开展耕地培育工作必将进一步增加农民生产成本、用工成本，降低生产效益，导致农户自主开展耕地质量保护提升工作的意愿不强，积极性不高；另一方面，农业从业者整体素质不高，用地养地意识不强，且往往沿用传统高投入、高产出模式，耕地长期高强度、超负荷利用，造成质量退化，基础地力下降。

第二节　酸化耕地治理对策建议

一、发展新型酸性土壤改良剂

石灰是一种传统的酸性土壤改良剂，具有价格低、取材广、简单有效等优点，但是也有粉尘污染、深层改良不足、易造成土壤板结、土壤易返酸等缺点。生物炭和农作物秸秆制成的有机物料在酸性土壤改良上也有很好效果，但是由于这些材料成本和施用量较大，目前在农业生产实践中尚未得到大面积推广应用。一些工业废弃物如粉煤灰、碱渣、磷石膏、造纸废渣等也可降低土壤酸度，但因担心上述产品的负面环境效应，目前这些材料也未得到推广应用。因此，亟须解决上述改良材料存在的现实问题，突破其应用瓶颈，在产品性状、造粒技术、环境监测、新产品创制等方面加强技术研发和攻关，生产出施用简便、经济长效、生态环保的新型酸性土壤改良剂。

二、加强不同作物酸害的土壤 pH 阈值研究

不同植物承受酸害的土壤 pH 阈值差异很大，作物酸害的土壤 pH 阈值是进行酸性土壤改良的前提。当土壤 pH 值低于或者接近于作物酸害的土壤 pH 阈值时，才需要对酸性土壤进行酸度改良，否则，会浪费人力和物力，对一些特殊耐酸性土壤植物类型，效果甚至会适得其反。以往研究对不同作物酸害的土壤 pH 阈值进行了介绍和讨论，但是这些 pH 阈值均为基于经验或者盆栽（水培和土培）试验得出，缺乏田间条件下的检验。盆栽试验等控制条件下获得的土壤 pH 阈值与大田条件下获得的结果可能存在差异。同时，很多作物酸害的土壤 pH 阈值未知，也无盆栽条件下的试验证据。基于上述现状，在田间条件下开展不同作物酸害发生的土壤 pH 阈值研究非常必要。通过系统查询相关资料，发现该方面的研究较少，亟待加强该方面的研究。目前研究的难点是：在田间条件下进行作物酸害试验，需要连续 pH 梯度的同类土壤，但是经常难以获得这种连续 pH 梯度的土壤。不同 pH 值土壤之间除了 pH 值不同外，其他物理、化学和生物性状也经常存在较大差异，这给研究田间条件下作物酸害的土壤 pH 阈值造成困难。解决该问题，可在一些土壤酸度较强地块，设置一系列不同石灰添加量，形成不同 pH 梯度，研究作物酸害发生的土壤 pH 阈值。

三、研发减缓土壤酸化的氮肥高效施用技术

我国酸沉降已得到很大遏制，未来自然生态系统如森林和草原的土壤酸化应会减缓。即使酸沉降已减少，氮在酸沉降中的比例也在增加，目前农田酸化主要诱因也是氮肥。系统揭示氮在土壤圈—大气圈—生物圈—水圈中质

子产消的来源、方式、途径，对于研发减缓土壤酸化的氮肥高效施用技术具有重要意义。氮肥引起的土壤酸化主要因为铵态氮的硝化作用和植物对铵态氮的吸收。不少盆栽研究表明，硝态氮可提高土壤 pH 值，降低酸性土壤对作物的危害。但是由于硝态氮在田间条件下极易淋失，且硝态氮肥价格较高，目前条件下在酸性土壤上大量推广硝态氮肥可行性并不强。氮肥会导致土壤酸化，但是作物高产离不开氮肥，所以减缓土壤酸化的氮肥高效施用技术的关键是提高氮肥利用率、减少氮肥施用量。目前已有很多提高氮肥利用率的技术途径，需要进一步筛选适合在酸性土壤上应用的技术。铵态氮导致土壤酸化的主要过程是硝化作用，该过程产生两个 H^+，如果抑制硝化作用，可消减两个 H^+。虽然这样植物会吸收 NH_4^+，排出一个 H^+，但是农田施用的氮肥大多为尿素，从尿素转化为 NH_4^+ 会消耗一个 H^+。由此分析，从尿素施入到植物吸收 NH_4^+ 的过程并不会有净 H^+ 的产生，从而避免了氮肥诱导的土壤酸化。此外，由于酸性土壤 pH 值低，NH_4^+ 积累引起的氨挥发比较少见，同时 NH_4^+ 易保持在土壤中，不易淋失至水环境中。酸性土壤上生长的大多数植物也较为偏好铵态氮，硝化作用的抑制很好地满足了植物对铵态氮的偏好需求。虽然酸性土壤硝化作用较弱，但是由上述分析可知，进一步抑制土壤硝化作用，仍可能有效减缓土壤酸化、提高氮肥利用率和降低氮肥的负面环境效应。上述均为理论分析，尚需进一步开展系统性的田间试验来验证其效果。

四、重视中微量元素对酸性土壤上植物生长的作用

针对酸性土壤改良的研究大多侧重于氮、磷、钾大量元素，而对于中微量元素关注不够。在南方高温多雨条件下，土壤养分淋溶损失较大，有机质分解速率也较快，导致土壤肥力整体偏低，多种养分缺乏。除了氮、磷、钾三种大量元素，限制南方红黄壤地区产能提升的关键中微量元素是什么，目前仍缺乏系统研究。基于最小养分限制率，一种关键微量元素的提高，可能会起到"四两拨千斤"的作用。因此，研究中微量元素在酸性土壤上作物生长中的作用，对于提升我国酸性土壤的作物产能具有关键性意义。

五、培育耐酸性土壤多重胁迫的作物品种

对于植物如何适应酸性土壤逆境和养分胁迫因子，如铝毒、锰毒、低磷等，已开展了大量系统深入研究，目前对于植物耐酸性土壤胁迫的生理机制已较为清楚，在分子机制上也有很多突破，许多耐酸性土壤相关基因已被分离和鉴定。然而上述这些生理和分子机制的研究大都还停留在实验室层面，在田间条件下应用实例很少，缺乏落地效应。将来，亟须将上述机制方面的研究成果推向大田，充分利用已发现的酸性土壤耐逆基因，进行分子辅助设计育种，培育耐酸性土壤多重胁迫的作物新品种，发挥提高酸性土壤生产力的实际功效。作为植物的第二基因组，根际微生物组愈加显现出在植物抵抗逆境和养分高效利用中的重要作用，将来如何调控植物根际微生物群落或者进行根际微生物的优配组装，结合酸性土壤耐逆植物品种的改良，也是酸性土壤上耐逆作物品种培育中可尝试、有吸引力的途径。

六、积极开展土壤酸化趋势预测

土壤酸化已在全国范围内普遍发生，利用历史相关数据，结合目前农业、工业、气候、环境和生态现状与发展，建立土壤酸化预测模型，科学预测我国未来土壤酸化的程度和趋势，对于制订阻控土壤酸化的长远政策和建议具有积极作用。

参考文献

郜礼阳，林威鹏，张风姬，等，2021. 生物炭对酸性土壤改良的研究进展 [J]. 广东农业科学，48（1）：35-44.

耿娜，康锡瑞，颜晓晓，等，2022. 酸化棕壤施用生物炭对油菜生长及土壤性状的影响 [J]. 土壤通报（3）：53.

桂意云，李海碧，韦金菊，等，2022. 生物炭对旱坡地宿根甘蔗土壤养分、酶活性及微生物多样性的影响 [J]. 南方农业学报，53（3）：776-784.

何秀峰，赵丰云，于坤，等，2020. 生物炭对葡萄幼苗根际土壤养分、酶活性及微生物多样性的影响 [J]. 中国土壤与肥料（6）：19-26.

黄雁飞，陈桂芬，熊柳梅，等，2020. 不同秸秆生物炭对水稻生长及土壤养分的影响 [J]. 南方农业学报，51（9）：2113-2119.

况帅，段焰，刘芮，等，2021. 油菜秸秆生物炭对植烟红壤养分及细菌群落多样性的影响 [J]. 中国烟草科学，42（1）：20-26.

李昌娟，杨文浩，周碧青，等，2021. 生物炭基肥对酸化茶园土壤养分及茶叶产质量的影响 [J]. 土壤通报，52（2）：387-397.

林庆毅，张梦阳，张林，等，2018. 老化生物炭对红壤铝形态影响的潜在机制 [J]. 生态环境学报，27（3）：491-497.

潘全良，陈坤，宋涛，等，2017. 生物炭及炭基肥对棕壤持水能力的影响 [J]. 水土保持研究，24（1）：115-121.

谭春玲，刘洋，黄雪刚，等，2022. 生物炭对土壤微生物代谢活动的影响 [J]. 中国生态农业学报，30（3）：333-342.

谢会雅，陈舜尧，张阳，等，2021. 中国南方土壤酸化原因及土壤酸性改良技术研究进展 [J]. 湖南农业科学（2）：104-107.

徐仁扣，李九玉，周世伟，等，2018. 我国农田土壤酸化调控的科学问题与技术措施 [J]. 中国科学院院刊，33（2）：160-167.

杨彩迪，宗玉统，卢升高，2020. 不同生物炭对酸性农田土壤性质和作物产量的动态影响 [J]. 环境科学，41（4）：1914-1920.

杨慧豪，郭秋萍，黄帮裕，等，2022. 生物炭基土壤调理剂对酸性菜田土壤的改良效果 [J]. 农业资源与环境学报，40（1）：15-24.

袁珍贵，杨晶，郭莉莉，等，2015. 酸化对土壤质量的影响及酸化土壤的主要改良措施研究进展 [J]. 农学学报, 5 (7): 51-55.

张玲玉, 赵学强, 沈仁芳, 2019. 土壤酸化及其生态效应 [J]. 生态学杂志, 38 (6): 1900-1908.

郑慧芬, 吴红慧, 翁伯琦, 等, 2019. 施用生物炭提高酸性红壤茶园土壤的微生物特征及酶活性 [J]. 中国土壤与肥料 (2): 68-74.

钟磊, 栗高源, 陈冠益, 等, 2022. 我国农作物秸秆分布特征与秸秆炭基肥制备应用研究进展 [J]. 农业资源与环境学报, 39 (3): 575-585.

ALVAREZ R, GIMENEZ A, PAGNANINI F, et al., 2020. Soil acidity in the Argentine Pampas: Effects of land use and management [J]. Soil and Tillage Research, 196: 104434.

GUO C X, PAN Z Y, PENG S A, 2016. Effect of biochar on the growth of *Poncirus trifoliata* (L.) Raf. seedlings in Gannan acidic red soil [J]. Soil Science and Plant Nutrition, 62 (2): 194-200.

CORENLISSEN G, MARTINSEN V, SHITUMBANUMA V, et al., 2013. Biochar effect on maize yield and soil characteristics in five conservation farming sites in Zambia [J]. Agronomy, 3: 256-274.

DAI Z, ZHANG X, TANG C, et al., 2017. Potential role of biochars in decreasing soil acidification-A critical review [J]. Science of the Total Environment, 581-582: 601-611.

DAS S K, GHOSH G K, AVASTHE R K, et al., 2021. Compositional heterogeneity of different biochar: Effect of pyrolysis temperature and feedstocks [J]. Journal of Environmental Management, 278: 111501.

DE SOUSA A, SALEH A M, HABEEB T H, et al., 2019. Silicon dioxide nanoparticles ameliorate the phytotoxic hazards of aluminum in maize grown on acidic soil [J]. Science of the Total Environment, 693: 133636.

EL-NAGGAR A, LEE S S, AWAD Y M, et al., 2018. Influence of soil properties and feedstocks on biochar potential for carbon mineralization and improvement of infertile soils [J]. Geoderma, 332: 100-108.

FENG W, YANG F, CEN R, et al., 2021. Effects of straw biochar application on soil temperature, available nitrogen and growth of corn [J]. Journal of Environmental Management, 277: 111331.

GENG N, KANG X, YAN X, et al. , 2022. Biochar mitigation of soil acidification and carbon sequestration is influenced by materials and temperature [J]. Ecotoxicology and Environmental Safety, 232: 113241.

GUO H, LIU X, ZHANG Y, et al. , 2010. Significant acidification in major Chinese croplands [J]. Science, 327 (5968): 1008-1010.

HOLLAND J E, BENNETT A E, NEWTON A C, et al. , 2018. Liming impacts on soils, crops and biodiversity in the UK: A review [J]. Science of the Total Environment, 610-611: 316-332.

JEFFERY S, ABALOS D, PRODANA M, et al. , 2017. Biochar boosts tropical but not temperate crop yields [J]. Environmental Research Letters, 12: 053001.

KANNAN P, PARAMASIVAN M, MMARIMUTHU A S, et al., 2021. Applying both biochar and phosphobacteria enhances *Vigna mungo* L. growth and yield in acid soils by increasing soil pH, moisture content, microbial growth and P availability [J]. Agriculture, Ecosystems & Environment, 308: 107258.

KOPITTKE P M, BLAMEY F P C. , 2016. Theoretical and experimental assessment of nutrient solution composition in short-term studies of aluminium rhizotoxicity [J]. Plant and Soil, 406: 311-326.

LI X, WANG T, CHANG S X, et al. , 2020. Biochar increases soil microbial biomass but has variable effects on microbial diversity: A meta-analysis [J]. Science of the Total Environment, 749: 141593.

LIU X, ZHANG A, CHUN Y, et al. , 2013. Biochar's effect on crop productivity and the dependence on experimental conditions-a meta-analysis of literature data [J]. Plant and Soil, 373 (1/2): 583-594.

LIU Z, CHEN X, JING Y, et al. , 2014. Effects of biochar amendment on rapeseed and sweet potato yields and water stable aggregate in upland red soil [J]. Catena, 123: 45-51.

MARTINSEN V, ALLINGV, NURIDA NL, et al., 2015. pH effects of the addition of three biochars to acidic Indonesian mineral soils [J]. Soil Science & Plant Nutrition, 61 (5): 1-14.

MONTANARELLA L, BADRAOUI M, CHUDE V, et al., 2015. The Status of the World's Soil Resources (Main Report) [R].

QAYYUM M F, HAIDER G, IQBAL M, et al., 2021. Effect of alkaline and chemically engineered biochar on soil properties and phosphorus bio-availability in maize [J]. Chemosphere, 266: 128980.

QIAN L, CHEN B, 2013. Dual role of biochars as adsorbents for aluminum: The effects of oxygen-containing organic components and the scattering of silicate particles [J]. Environmental Science & Technology, 47 (15): 8759-8768.

SHI R, NI N, NKOH J N, et al., 2019. Beneficial dual role of biochars in inhibiting soil acidification resulting from nitrification [J]. Chemosphere, 234: 43-51.

SHI R, NI N, NKOH J N, et al., 2020. Biochar retards Al toxicity to maize (*Zea mays* L.) during soil acidification: The effects and mechanisms [J]. Science of the Total Environment, 719: 137448.

SUN Q, MENG J, LAN Y, et al., 2021. Long-term effects of biochar amendment on soil aggregate stability and biological binding agents in brown earth [J]. Catena, 205: 105460.

TAN S, NARAYANAN M, THU HUONG D T, et al., 2022. A perspective on the interaction between biochar and soil microbes: A way to regain soil eminence [J]. Environmental Research, 214: 113832.

TEUTSCHEROVA N, VAZQUEZ E, MASAGUER A, et al., 2017. Comparison of lime- and biochar-mediated pH changes in nitrification and ammonia oxidizers in degraded acid soil [J]. Biology and Fertility of Soils, 53 (7): 811-821.

WANG M, ZHU Y, CHENG L, et al., 2018. Review on utilization of biochar for metal-contaminated soil and sediment remediation [J]. Journal of

Environmental Sciences, 63: 156-173.

WU S, ZHANG Y, TAN Q, et al. , 2020. Biochar is superior to lime in improving acidic soil properties and fruit quality of Satsuma mandarin [J]. Science of the Total Environment, 714: 136722.

XU H, CAI A, WU D, et al. , 2021. Effects of biochar application on crop productivity, soil carbon sequestration, and global warming potential controlled by biochar C: N ratio and soil pH: A global meta-analysis [J]. Soil and Tillage Research, 213: 105125.

YANG C, LIU J, YING H, et al. , 2022. Soil pore structure changes induced by biochar affect microbial diversity and community structure in an Ultisol [J]. Soil and Tillage Research, 224: 105505.

YANG C, LU S, 2022. Straw and straw biochar differently affect phosphorus availability, enzyme activity and microbial functional genes in an Ultisol [J]. Science of the Total Environment, 805: 150325.

YANG D, YANG S, WANG L, et al. , 2021. Performance of biochar-supported nanoscale zero-valent iron for cadmium and arsenic co-contaminated soil remediation: Insights on availability, bioaccumulation and health risk [J]. Environmental Pollution, 290: 118054.

YIN S, ZHANG X, SUO F, et al. , 2022. Effect of biochar and hydrochar from cow manure and reed straw on lettuce growth in an acidified soil [J]. Chemosphere, 298: 134191.

ZENG F, ALI S, ZHANG H, et al. , 2011. The influence of pH and organic matter content in paddy soil on heavy metal availability and their uptake by rice plants [J]. Environmental Pollution, 159 (1): 84-91.

ZHANG J, HU A, WANG B, et al. , 2019. Al (Ⅲ) -binding properties at the molecular level of soil DOM subjected to long-term manuring [J]. Journal of Soils and Sediments, 19 (3): 1099-1108.

ZHANG L, JING Y, XIANG Y, et al. , 2018. Responses of soil microbial community structure changes and activities to biochar addition: A meta-analysis [J]. Science of the Total Environment, 643: 926-935.

ZHANG Q, ZHU J, WANG Q, et al. , 2022. Soil acidification in China's forests due to atmospheric acid deposition from 1980 to 2050 [J]. Science Bulletin, 67 (9): 914-917.

ZHANG X, GUO J, VOGT R D, et al. , 2020. Soil acidification as an additional driver to organic carbon accumulation in major Chinese croplands [J]. Geoderma, 366: 114234.

ZHENG J, LUAN L, LUO Y, et al. , 2022. Biochar and lime amendments promote soil nitrification and nitrogen use efficiency by differentially mediating ammonia-oxidizer community in an acidic soil [J]. Applied Soil Ecology, 180: 104619.

ZHU Q, LIU X, HAO T, et al. , 2018. Modeling soil acidification in typical Chinese cropping systems [J]. Science of the Total Environment, 613 - 614: 1339-1348.

ZHU Q, LIU X, HAO T, et al. , 2020. Cropland acidification increases risk of yield losses and food insecurity in China [J]. Environmental Pollution, 256: 113145.

附录1

石灰质改良酸化土壤技术规范（NY/T 3443—2019）

石灰质改良酸化土壤技术规范（NY/T 3443—2019）

Technical specification for acidic soil amelioration by liming

前　言

本标准按照 GB/T 1.1—2009 给出的规则起草。

本标准由农业农村部种植业管理司提出并归口。

本标准起草单位：农业农村部耕地质量监测保护中心、中国农业科学院农业资源与农业区划研究所。

本标准主要起草人：杨帆、马义兵、董燕、李菊梅、韩丹丹、增赛琦、张曦、孟远夺、崔勇、杨宁。

石灰质改良酸化土壤技术规范

1　范围

本标准规定了农用石灰质物质用于改良酸性土壤和防止土壤酸化的质量要求、施用量、施用时期和方法。

本标准适用于中国农用地酸性土壤。

2　规范性引用文件

下列文件对于本文件的应用是必不可少的。凡是注日期的引用文件，仅注日期的版本适用于本文件。凡是不注日期的引用文件，其最新版本（包括所有的修改本）适用于本文件。

GB/T 3286.1　石灰石及白云石化学分析方法　第 1 部分：氧化钙和氧化镁含量的测定

GB/T 23349　肥料中砷、镉、铅、铬、汞生态指标

NY/T 1121.2　土壤检测　第 2 部分：土壤 pH 的测定

NY/T 1121.3　土壤检测　第 3 部分：土壤机械组成的测定

NY/T 1121.6 土壤检测 第 6 部分：土壤有机质的测定

NY/T 1978 肥料汞、砷、镉、铅、铬含量的测定

3 术语和定义

下列术语和定义适用于本文件。

3.1 农用石灰质物质 calcareous substances for agriculture

以含有钙和镁氧化物、氢氧化物和碳酸盐等碱性物质为主的、符合农用质量要求的矿物质，如生石灰、熟石灰、石灰石、白云石，用于保持或提高土壤的 pH。

3.1.1 生石灰 quick lime

主要化学成分为氧化钙（CaO），由石灰石（包括钙质石灰石、镁质石灰石）焙烧而成，具有吸湿性和强腐蚀性，可与水发生放热反应生成熟石灰。

3.1.2 熟石灰 slaked lime

主要成分为氢氧化钙〔Ca（OH）$_2$〕，白色粉末，又称消石灰，以生石灰为原料经吸湿或加水而生成的产物。

3.1.3 白云石 dolomite

主要化学成分为碳酸钙（CaCO$_3$）和碳酸镁（MgCO$_3$），由白云石加工而成的粉末状矿物质，较适用于镁含量低的酸性土壤。

3.1.4 石灰石 limestone

主要化学成分为碳酸钙（CaCO$_3$），不易溶于水，无臭、无味，露置于空气中无变化，由石灰石加工而成的粉末状矿物质。

3.2 酸性土壤 acidic soil

土壤 pH（土水比为 1：2.5）<6.5 的表层土壤（0~20 cm）。酸性土壤可根据土壤 pH 分为弱酸性到强酸性不同等级。

4 农用石灰质物质要求

4.1 外观

粉末状产品，无机械杂质，要求粒径<1 mm。

4.2 质量要求

见表 1。

表 1 改良酸性土壤农用石灰质物质的质量要求

石灰类型	钙镁氧化物含量/%	重金属含量（烘干基）/（mg/kg）				
		镉（Cd）	铅（Pb）	铬（Cr）	砷（As）	汞（Hg）
生石灰（粉）	>75	≤1.0	≤100	≤150	≤30	≤2.0
熟石灰（粉）	>55	≤1.0	≤100	≤150	≤30	≤2.0
白云石（粉）	>40	≤1.0	≤100	≤150	≤30	≤2.0
石灰石（粉）	>40	≤1.0	≤100	≤150	≤30	≤2.0

注：钙镁氧化物含量以 CaO 与 MgO 含量之和计，重金属按照元素计。

4.3 检验方法

4.3.1 氧化钙和氧化镁含量的测定

按 GB/T 3286.1 的规定执行。

4.3.2 重金属含量的测定

按 GB/T 23349 的规定进行样品制备，按 NY/T 1978 的规定进行重金属的测定。

5 改良酸性土壤石灰质物质施用量

按 NY/T 1121.2 的规定进行土壤 pH 的测定，按 NY/T 1121.3 的规定进行土壤机械组成的测定，按 NY/T 1121.6 进行土壤有机质的测定。

根据耕地类型和种植制度的需要合理确定土壤目标 pH 后，再根据土壤起始 pH 和目标 pH 确定不同土壤性状下不同石灰质物质的施用量。不同有机质、质地土壤提高 1 个 pH 单位值的耕层土壤（0~20 cm）农用石灰质物质施用量见表 2。当土壤 pH 调节值大于或小于一个单位时，农用石灰质物质施用量应当按比例调整。

表 2 中的施用量主要用于旱地土壤，水田参考执行。

108

表 2 不同有机质、质地土壤提高 1 个 pH 单位值的耕层
土壤（0~20 cm）农用石灰质物质施用量 单位：t/hm²

有机质含量	生石灰		熟石灰		白云石		石灰石	
	沙土/壤土	黏土	沙土/壤土	黏土	沙土/壤土	黏土	沙土/壤土	黏土
有机质含量＜20 g/kg	2.8	3.5	3.8	3.9	6.8	7.4	5.8	6.5
20 g/kg ≤ 有机质含量＜50 g/kg	3.0	3.8	2.1	4.4	8.7	9.3	7.1	8.0
有机质含量≥50 g/kg	3.3	4.3	4.7	5.1	11.8	12.4	9.1	10.7

6 防止土壤酸化石灰质物质施用量

对需要维持现有酸碱性、防止酸化的土壤，也可施用石灰质物质，其中，红壤、黄壤地区可每 3 年施用 1 次。具体施用量见表 3。

表 3 防止土壤酸化农用石灰质物质施用量 单位：t/hm²

石灰类型	生石灰粉	熟石灰	白云石粉	石灰石粉
施用量	0.6	0.8	1.6	1.3

7 施用时期与方法

播种或移栽前 3 d 以前，将农用石灰质物质均匀撒施在耕地土壤表面，然后进行翻耕或旋耕，使其与耕层土壤充分混合。也可利用拖拉机等农机具，通过加挂漏斗进行机械化施用或与秸秆还田等农艺措施配合施用。

8 注意事项

施用石灰质物质后，随着土壤 pH 升高，土壤养分，如磷、铁、锌、锰等的状态会发生变化。应注意选用适宜的肥料品种，合理调整土壤养分，以满足植物生长需要，并适当增施有机肥，防止土壤板结。

当有其他碱性物质，如钙镁磷肥、硅钙肥、草木灰等施用到土壤时，应注意减少石灰质物质的用量。施用石灰质物质时应注意安全，按照产品说明书使用，佩戴乳胶手套、防尘口罩和套鞋等用于防护，防止因石灰质物质遇水灼伤手脚或粉尘被吸入呼吸道灼伤呼吸系统。若作业人员出现因施用石灰质物质造成皮肤灼伤等症状，应及时送医院进行救治。避免雨天施用石灰质物质。

附录2

耕地质量等级
（GB/T 33469—2016）

耕地质量等级（GB/T 33469—2016）

Cultivated land quality grade

前　言

本标准按照 GB/T 1.1—2009 给出的规则起草。

本标准由中华人民共和国农业部提出。

本标准由全国土壤质量标准化技术委员会（SAC/TC 404）归口。

本标准起草单位：全国农业技术推广服务中心、北京市土肥工作站、山东省土壤肥料总站、江苏省耕地质量与农业环境保护站、山西省土壤肥料工作站、华南农业大学。

本标准主要起草人：任意、曾衍德、何才文、谢建华、赵永志、仲鹭勃、薛彦东、陈明全、李涛、王绪奎、张藕珠、李永涛、郑磊、胡良兵、李荣、辛景树。

耕地质量等级

1　范围

本标准规定了耕地质量区域划分、指标确定、耕地质量等级划分流程等内容。

本标准适用于各级行政区及特定区域内耕地质量等级划分。园地质量等级划分可参照执行。

2　规范性引用文件

下列文件对于本文件的应用是必不可少的。凡是注日期的引用文件，仅注日期的版本适用于本文件。凡是不注日期的引用文件，其最新版本（包括所有的修改单）适用于本文件。

GB 15618　土壤环境质量标准

GB 17296　中国土壤分类与代码

HJ/T 166　土壤环境监测技术规范

3　术语和定义

下列术语和定义适用于本文件。

3.1　耕地 cultivated land

用于农作物种植的土地。

3.2　耕地地力 cultivated land productivity

在当前管理水平下，由土壤立地条件、自然属性等相关要素构成的耕地生产能力。

3.3　土壤健康状况 soil health condition

土壤作为一个动态生命系统具有的维持其功能的持续能力，用清洁程度、生物多样性表示。

注：清洁程度反映了土壤受重金属、农药和农膜残留等有毒有害物质影响的程度；生物多样性反映了土壤生命力丰富程度。

3.4　地形部位 parts of the terrain

具有特定形态特征和成因的中小地貌单元。

3.5　田面坡度 field surface slope

农田坡面与水平面的夹角度数。

3.6　地下水埋深 ground-water table

潜水面至地表面的距离。

3.7　土壤养分状况 soil nutrient status

土壤养分的数量、形态、分解、转化规律以及土壤的保肥、供肥性能。

3.8　土壤酸碱度 soil acidity and alkalinity

土壤溶液的酸碱性强弱程度，以 pH 值表示。

3.9　土壤有机质 soil organic matter

土壤中形成的和外加入的所有动植物残体不同阶段的各种分解产物和合成产物的总称，包括高度腐解的腐殖物质、解剖结构尚可辨认的有机残体和各种微生物体。

3.10 土壤障碍因素 soil constraint factor

土体中妨碍农作物正常生长发育、对农产品产量和品质造成不良影响的因素。

3.11 土壤障碍层次 soil constraint layer

在土壤剖面中出现的阻碍根系伸展、影响水分渗透的层次。

3.12 土壤盐渍化 soil salinization

土壤底层或地下水的易溶性盐分随毛管水上升到地表，水分散失后，使盐分积累在表层土壤中，当土壤含盐量过高时，形成的盐化危害。或受人类特殊活动影响，在使用高矿化度水进行灌溉及在干旱气候条件下没有排水功能、地下水位较浅的土壤上进行灌溉时产生的次生盐化危害。

3.13 土壤潜育化 gleyization

受地下水或渍水引起土壤处于饱和状态，呈强烈还原状态而形成蓝灰色潜育层的一种土壤形成过程。

3.14 有效土层厚度 effective soil layer thickness

作物能够利用的母质层以上的土体总厚度；当有障碍层时，为障碍层以上的土层厚度。

3.15 耕层厚度 plough layer thickness

经耕种熟化而形成的土壤表土层厚度。

3.16 耕层质地 plough layer texture

耕层土壤颗粒的大小及其组合情况。

3.17 土壤容重 soil bulk density

田间自然垒结状态下单位容积土体（包括土粒和孔隙）的质量或重量。

3.18 质地构型 soil texture profile

土壤剖面中不同质地层次的排列。

3.19 灌溉能力 irrigation capacity

预期灌溉用水量在多年灌溉中能够得到满足的程度。

3.20 排水能力 drainage capacity

为保证农作物正常生长，及时排除农田地表积水，有效控制和降低地下水位的能力。

3. 21 农田林网化率 farmland shelter rate

农田四周的林带保护面积与农田总面积之比。

4 耕地质量等级划分

4.1 总则

4.1.1 概述

耕地质量等级划分是从农业生产角度出发，通过综合指数法对耕地地力、土壤健康状况和田间基础设施构成的满足农产品持续产出和质量安全的能力进行评价划分出的等级。

4.1.2 耕地质量区域划分

根据全国综合农业区划，结合不同区域耕地特点、土壤类型分布特征（见 GB 17296），将全国耕地划分为东北区、内蒙古及长城沿线区、黄淮海区、黄土高原区、长江中下游区、西南区、华南区、甘新区、青藏区等九大区域。各区涵盖的具体县（市、区、旗）名见附录 A（略）。

4.1.3 耕地质量指标

各区域耕地质量指标由基础性指标和区域补充性指标组成，其中，基础性指标包括地形部位、有效土层厚度、有机质含量、耕层质地、土壤容重、质地构型、土壤养分状况、生物多样性、清洁程度、障碍因素、灌溉能力、排水能力、农田林网化率等 13 个指标。区域补充性指标包括耕层厚度、田面坡度、盐渍化程度、地下水埋深、酸碱度、海拔高度等 6 个指标。各区域耕地质量划分指标见附录 B（略）。

4.1.4 耕地质量等级划分原则

耕地质量划分为 10 个耕地质量等级。耕地质量综合指数越大，耕地质量水平越高。一等地耕地质量最高，十等地耕地质量最低。

4.2 耕地质量等级划分流程

耕地质量等级划分流程见图 1。

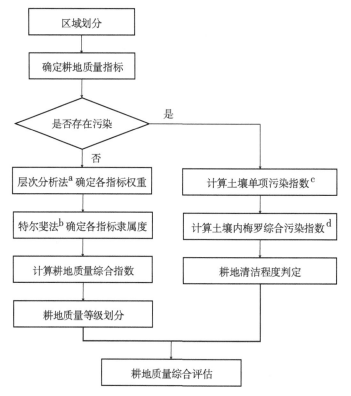

a. 层次分析法是将与决策总是有关的元素分解成目标、准则、方案等层次，在此基础之上进行定性和定量分析的决策方法。

b. 特尔斐法是采用背对背的通信方式征询专家小组成员的预测意见，经过几轮征询，使专家小组的预测意见趋于集中，最后做出符合发展趋势的预测结论。

c. 土壤单项污染指数是土壤污染物实测值与土壤污染物质量标准的比值。具体计算方法见 HJ/T 166。

d. 内梅罗综合污染指数反映了各污染物对土壤的作用，同时突出了高浓度污染物对土壤环境质量的影响。具体计算方法见 HJ/T 166。

图 1　耕地质量等级划分流程

4.3　耕地质量指标获取

4.3.1　地形部位

指中小地貌单元。如河流及河谷冲积平原要区分出河床、河漫滩、一级阶地、二级阶地、高阶地等；山麓平原要区分出坡积裾、洪积锥、洪积扇

（上、中、下）、扇间洼地、扇缘洼地等；黄土丘陵区要区分出塬、梁、峁
等；低山丘陵与漫岗要区分为丘（岗）顶部、丘（岗）坡面、丘（岗）坡
麓、丘（岗）间洼地等；平原河网圩田要区分为易涝田、渍害田、良水田
等；丘陵冲垄稻田按宽冲、窄冲，纵向分冲头、冲中部、冲尾，横向分冲、
塝、岗田等；岩溶地貌要区分为石芽地、坡麓、峰丛洼地、溶蚀谷地、岩溶
盆地（平原）等。各地应结合当地实际进行筛选，并使描述更加具体。

4.3.2　有效土层厚度

查阅第二次土壤普查资料并结合现场调查确定。

4.3.3　有机质含量

土壤有机质的测定方法见附录 C（略）。

4.3.4　耕层质地

土壤机械组成分为砂土、砂壤、轻壤、中壤、重壤、黏土等，测定方法
见附录 D（略）。

4.3.5　土壤容重

土壤容重的测定方法见附录 E（略）。

4.3.6　质地构型

挖取土壤剖面，按 1 m 土体内不同质地土层的排列组合形式来确定。分
为薄层型（红黄壤地区土体厚度＜40 cm，其他地区＜30 cm）、松散型（通
体砂型）、紧实型（通体黏型）、夹层型（夹砂砾型、夹黏型、夹料姜型
等）、上紧下松型（漏砂型）、上松下紧型（蒙金型）、海绵型（通体壤
型）等几大类型。

4.3.7　土壤养分状况

根据土壤类型、种植作物、土壤物理、化学、生物性状综合确定，分为
养分贫瘠、潜在缺乏、最佳水平和养分过量。

4.3.8　生物多样性

通过现场调查，结合专家经验综合确定，分为丰富、一般、不丰富。

4.3.9　清洁程度

按照 HJ/T 166 规定的方法确定。

4.3.10　障碍因素

按对植物生长构成障碍的类型来确定，如沙化、盐碱、侵蚀、潜育化及出现的障碍层次情况等。

4.3.11　灌溉能力

现场调查水源类型、位置、灌溉方式、灌水量，综合判断灌溉用水量在多年灌溉中能够得到满足的程度，分为充分满足、满足、基本满足、不满足。

4.3.12　排水能力

现场调查排水方式、排水设施现状等，综合判断农田保证作物正常生长，及时排除地表积水，有效控制和降低地下水位的能力，分为充分满足、满足、基本满足、不满足。

4.3.13　农田林网化率

现场调查农田四周林带保护面积及农田总面积，计算农田林网化率，综合判断农田林网化程度，分为高、中、低。

4.3.14　耕层厚度

在野外实际测量确定，单位统一为厘米，精确到小数点后 1 位。

4.3.15　田面坡度

实际测量农田坡面与水平面的夹角度数。

4.3.16　盐渍化程度

根据土壤水溶性含盐总量、氯化物盐含量、硫酸盐含量及农田出苗程度综合判定，分为无、轻度、中度、重度。土壤水溶性含盐总量的测定方法见附录 F（略）；土壤氯离子含量的测定方法见附录 G（略）；土壤硫酸根离子含量的测定方法见附录 H（略）。

4.3.17　地下水埋深

在查阅地下水埋藏及水文地质图表资料基础上填写，或结合野外调查，挖取土壤剖面，用洛阳铲打钻孔，观察地下水埋深。

4.3.18　酸碱度

土壤 pH 的测定方法见附录 I（略）。

4.3.19 海拔高度

采用 GPS 定位仪现场测定填写。

4.4 确定各指标权重

4.4.1 建立层次结构模型

按照层次分析法，建立目标层、准则层和指标层层次结构，用框图形式说明层次的递阶结构与因素的从属关系。当某个层次包含的因素较多时（如超过 9 个），可将该层次进一步划分为若干子层次。

4.4.2 构造判断矩阵

判断矩阵表示针对上一层次某因素，本层次与之有关因子之间相对重要性的比较。假定 A 层因素中 a_k 与下一层次中 B_1，B_2，…，B_n 有联系，构造的判断矩阵一般形式见表 1。

表 1 判断矩阵形式

a_k	B_1	B_2	…	B_n
B_1	b_{11}	b_{12}	…	b_{1n}
B_2	b_{21}	b_{22}	…	b_{2n}
⋮	⋮	⋮		⋮
B_n	b_{n1}	b_{n2}	…	b_{nn}

判断矩阵元素的值反映了人们对各因素相对重要性（或优劣、偏好、强度等）的认识，一般采用 1~9 及其倒数的标度方法。当相互比较因素的重要性能够用具有实际意义的比值说明时，判断矩阵相应元素的值则可以取这个比值。判断矩阵的元素标度及其含义见表 2。

表 2 判断矩阵标度及其含义

标度	含义
1	表示两个因素相比，具有同样重要性
3	表示两个因素相比，一个因素比另一个因素稍微重要
5	表示两个因素相比，一个因素比另一个因素明显重要
7	表示两个因素相比，一个因素比另一个因素强烈重要

（续表）

标度	含义
9	表示两个因素相比，一个因素比另一个因素极端重要
2, 4, 6, 8	上述两相邻判断的中值
倒数	因素 i 与 j 比较得判断 b_{ij}，则因素 j 与 i 比较的判断 $b_{ji}=1/b_{ij}$

4.4.3 层次单排序及其一致性检验

建立比较矩阵后，就可以求出各个因素的权值。采取的方法是用和积法计算出各矩阵的最大特征根 λ_{max} 及其对应的特征向量 W，并用 $CR=CI/RI$ 进行一致性检验。计算方法如下：

按式（1）将比较矩阵每一列正规化（以矩阵 B 为例）

$$\hat{b}_{ij}=\frac{b_{ij}}{\sum_{i=1}^{n} b_{ij}} \tag{1}$$

按式（2）每一列经正规化后的比较矩阵按行相加

$$\overline{W}_i = \sum_{j=1}^{n} \hat{b}_{ij} \tag{2}$$

按式（3）对向量

$$\overline{W} = [\overline{W}_1, \overline{W}_2, \cdots \overline{W}_n] \tag{3}$$

按式（4）正规化

$$W_i = \frac{\overline{W}_i}{\sum_{i=1}^{n} \overline{W}_i}, \ i = 1, 2, 3\cdots, n \tag{4}$$

所得到的 $W = [W_1, W_2, \cdots W_n]^T$ 即为所求特征向量，也就是各个因素的权重值。

按式（5）计算比较矩阵最大特征根 λ_{max}

$$\lambda_{max} = \sum_{i=1}^{n} \frac{(BW)_i}{nW_i}, \ i = 1, 2\cdots, n \tag{5}$$

式中 $(BW)_i$ 表示向量 BW 的第 i 个元素。

一致性检验：首先计算一致性指标 CI

$$CI = \frac{\lambda_{max} - n}{n - 1} \tag{6}$$

式中 n 为比较矩阵的阶，也即是因素的个数。

然后根据表3查找出随机一致性指标 RI，由式（7）计算一致性比率 CR。

$$CR = \frac{CI}{RI} \qquad (7)$$

表3　随机一致性指标 RI 的值

n	1	2	3	4	5	6	7	8	9	10	11
RI	0	0	0.58	0.90	1.12	1.24	1.32	1.41	1.45	1.49	1.51

当 $CR<0.1$ 就认为比较矩阵的不一致程度在容许范围内；否则应重新调整矩阵。

4.4.4　层次总排序

计算同一层次所有因素对于最高层（总目标）相对重要性的排序权值，称为层次总排序。这一过程是从最高层次到最低层次逐层进行的。若上一层次 A 包含 m 个因素 A_1，A_2，$\cdots$，A_m，其层次总排序权值分别为 a_1，a_2，$\cdots$，a_m，下一层次 B 包含 n 个因素 B_1，B_2，$\cdots$，B_n，它们对于因素 A_j 的层次单排序权值分别为 b_{1j}、b_{2j}，$\cdots$，b_{nj}，（当 B_k 与 A_j 无联系时，$b_{kj}=0$）此时 B 层次总排序权值由表4给出。

表4　层次总排序的根值计算

层次 B	层次 A				B 层次总排序权值
	A_1	A_2	$\cdots$	A_m	
	a_1	a_2	$\cdots$	a_m	
B_1	b_{11}	b_{12}	$\cdots$	b_{1m}	$\sum_{i=1}^{m} a_1 b_{1i}$
B_2	b_{21}	b_{22}	$\cdots$	b_{2m}	$\sum_{i=1}^{m} a_j b_{2j}$
$\vdots$	$\vdots$	$\vdots$		$\vdots$	$\vdots$
B_n	b_{n1}	b_{n2}	$\cdots$	b_{nm}	$\sum_{i=1}^{m} a_j b_{nj}$

121

4.4.5 层次总排序的一致性检验

这一步骤也是从高到低逐层进行的。如果 B 层次某些因素对于 A_j 单排序的一致性指标为 CI_j，相应的平均随机一致性指标为 CR_j，则 B 层次总排序随机一致性比率用式（8）计算。

$$CR = \frac{\sum_{j=1}^{m} a_j CI_j}{\sum_{i=1}^{m} a_j RI_j} \tag{8}$$

类似地，当 $CR<0.1$ 时，认为层次总排序结果具有满意的一致性，否则需要重新调整判断矩阵的元素取值。

4.5 计算各指标隶属度

根据模糊数学的理论，将选定的评价指标与耕地质量之间的关系分为戒上型函数、戒下型函数、峰型函数、直线型函数以及概念型 5 种类型的隶属函数。

4.5.1 戒上型函数模型

适合这种函数模型的评价因子，其数值越大，相应的耕地质量水平越高，但到了某一临界值后，其对耕地质量的正贡献效果也趋于恒定（如有效土层厚度、有机质含量等）。

$$y_i = \begin{cases} 0, & u_i \leqslant u_t \\ 1/[1+a_i(u_i-c_i)^2], & u_t<u_i<c_i, \quad (i=1, 2, \cdots, m) \\ 1, & c_i \leqslant u_i \end{cases} \tag{9}$$

式（9）中，y_i 为第 i 个因子的隶属度；u_i 为样品实测值；c_i 为标准指标；a_i 为系数；u_t 为指标下限值。

4.5.2 戒下型函数模型

适合这种函数模型的评价因子，其数值越大，相应的耕地质量水平越低，但到了某一临界值后，其对耕地质量的负贡献效果趋于恒定（如坡度等）。

$$y_i = \begin{cases} 0, & u_t \leqslant u_i \\ 1/[1 + a_i(u_i - c_i)^2], & c_i < u_i < u_t, \quad (i = 1, 2, \cdots, m) \\ 1, & u_i \leqslant c_i \end{cases} \tag{10}$$

式（10）中，u_t 为指标下限值。

4.5.3　峰型函数

适合这种函数模型的评价因子，其数值离一特定的范围距离越近，相应的耕地质量水平越高（如土壤 pH 等）。

$$y_i = \begin{cases} 0, & u_i > u_{t1} \text{ 或 } u_i < u_{t2} \\ 1/[1 + a_i(u_i - c_i)^2], & u_{t1} < u_i < u_{t2} \\ 1, & u_i = c_i \end{cases} \quad (11)$$

式（11）中，u_{t1}、u_{t2} 分别为指标上、下限值。

4.5.4　直线型函数模型

适合这种函数模型的评价因子，其数值的大小与耕地质量水平呈直线关系（如坡度、灌溉能力）。

$$y_i = a_i u_i + b \quad (12)$$

4.5.5　概念型指标

这类指标其性状是定性的、非数值性的，与耕地质量之间是一种非线性的关系，如地形部位、质地构型、质地等。这类因子不需要建立隶属函数模型。

4.5.6　隶属度的计算

对于数值型评价因子，依据附录 B（略），用特尔斐法对一组实测值评估出相应的一组隶属度，并根据这两组数据拟合隶属函数；也可以根据唯一差异原则，用田间试验的方法获得测试值与耕地质量的一组数据，用这组数据直接拟合隶属函数，求得隶属函数中各参数值。再将各评价因子的实测值带入隶属函数计算，即可得到各评价因子的隶属度。鉴于质地对耕地某些指标的影响，有机质应按不同质地类型分别拟合隶属函数。

对于概念型评价因子，依据附录 B（略），可采用特尔斐法直接给出隶属度。

4.6　计算耕地质量综合指数

采用累加法计算耕地质量综合指数。

$$P = \sum (C_i \times F_i) \quad (13)$$

式（13）中，P 为耕地质量综合指数（Integrated Fertility Index）；C_i 为第 i 个评价指标的组合权重；F_i 为第 i 个评价指标的隶属度。

4.7 区域耕地质量等级划分

按从大到小的顺序，在耕地质量综合指数曲线最高点到最低点间采用等距离法将耕地质量划分为 10 个耕地质量等级。耕地质量综合指数越大，耕地质量水平越高。一等地耕地质量最高，十等地耕地质量最低。

各区域内耕地质量划分时，依据相应的耕地质量综合指数确定当地耕地质量最高最低等级范围，再划分耕地质量等级。

4.8 耕地清洁程度调查与评价

耕地周边有污染源或存在污染的，应根据区域大小，加密耕地环境质量调查取样点密度，检测土壤污染物含量，进行耕地清洁程度评价。耕地土壤单项污染指标限值按照 GB 15618 的规定执行。按照 HJ/T 166 规定的方法，计算土壤单项污染指数和土壤内梅罗综合污染指数，并按内梅罗指数将耕地清洁程度划分为清洁、尚清洁、轻度污染、中度污染、重度污染。

4.9 耕地质量综合评估

依据耕地质量划分与耕地清洁程度调查评价结果，对耕地质量进行综合评估，查明影响耕地质量的主要障碍因素，提出有针对性的耕地培肥与土壤改良对策措施与建议。对判定为轻度污染、中度污染和重度污染的耕地，应明确耕地土壤主要污染物类型，提出耕地限制性使用意见和种植作物调整建议。